福島原発事故
取り残される避難者

直面する生活問題の現状とこれからの支援課題

戸田典樹 編著

明石書店

はじめに

　私たちは2016年3月に、東京電力福島第一原子力発電所事故（以下、福島原発事故）による自主避難者に焦点をあてた『福島原発事故　漂流する自主避難者たち』を出版した。そこでは、自主避難者が抱える「三重苦」を紹介し、2017年3月に予定された借上公営住宅の支援の打ち切り見直しなど社会的支援、補償の必要性を訴えた。ちなみに自主避難者の「三重苦」とは、故郷を見捨て逃げたという「避難元から批判」、父親（夫）あるいは祖父母を残し母と子どもだけで避難してきたのではないかという興味本位の眼差しなどの「避難先での困難」、さらに加えて、子どもの健康を守ることを優先して避難したことに後悔はないが、困難に遭遇し、家族に多くの負担をかけたという母親の「自責の念」という苦しみを指す。

　しかしながら、2017年3月には予定どおり多くの自治体で自主避難者への住宅支援が打ち切られた。それに加えて、除染作業も十分進んでおらず、不安を抱く住民も少なくないにもかかわらず、飯舘村、川俣町、浪江町、富岡町などで避難指示が解除された。

　こうした中、私たちはふたたび、被災者支援の現状と課題を明らかにすべく、本書を企画し、世に問うこととした。第Ⅰ部では福島原発事故による被災者の生活問題に焦点をあて、第Ⅱ部では阪神・淡路大震災、チェルノブイリ原発事故という2つの大災害から、被災者の社会的支援の縮小・帰還政策の問題点と課題を考える。さらに第Ⅲ部では福島原発事故における被災者支援の今後のあり方について提言する。以上の3部構成で、支援策がどのように展開されてきたのかを示し、それを踏まえて社会的支援を今後どのようにして整備していけばよいのかを考えることをねらいとしている。

　第Ⅰ部「福島原発事故による被災者の生活問題」では、福島第一原発事故の被災者が抱えている生活問題に焦点をあて、医師、行政職員、NPO法人

など支援者の視点から支援課題を提起している。

第1章「原発避難いじめの実態と構造的暴力」では、医師の辻内琢也が「原発避難に関するいじめ問題についての実態調査」（以下、原発避難いじめ調査）の結果を報告している。この調査によって、避難者がどのようないじめにあっているのか、その背景にどのような問題が存在しているのか、どのような支援が必要となっているのかを明らかにしようとしている。

第2章「楢葉町に見る自治体職員の生活実態と新たな課題」では、渡部朋宏が2015年9月5日に避難指示が解除された楢葉町で働く、自治体職員を対象にヒアリング調査を実施している。町長が「環境がある程度整い、帰町目標を掲げた」ことを理由として「帰町しない職員は昇格・昇給をさせない。交通費も出さない」旨の発言をした。このような中で楢葉町職員等に対するヒアリング調査を実施し、家族よりも職務を優先して行動し自治体職員としてその使命を果たそうとする一方で、自らが原発事故避難者であり小さな子どもなど家族を持つ親としての葛藤を伝えている。復興とは、誰のために、何のために、そして、どのように進めなければならないものなのかを考えさせられる。

第3章「避難している子どもを支える居場所づくり」では、NPO法人「寺子屋方丈舎」の理事長である江川和弥と会津大学短期大学部の元教員である戸田典樹が、大熊町の子どもへの「学習支援」「遊び支援」という「居場所」支援の実践から福祉・教育課題を探っている。江川と戸田は、福島原発事故発生当時から避難者への支援活動を実施しているが、公民館や体育館などの第一次避難所、ホテルや旅館などの第二次避難所における支援活動から、福島原発事故における子どもの問題がきわめて放置できない問題であると考え、「遊び支援」「学習支援」を続けてきた。その中で単なるボランティア活動では解決できない問題が存在することがわかり、大熊町の教育委員会、小学校、中学校、そして受け入れ先にある大学、NPO法人などとともに「大熊町地域学習応援協議会」を組織した。この取り組みが子どもたちをどのように支えてきたのか、そして、この取り組みを継続していくためにどのような課題があるのかを報告している。

第Ⅱ部「阪神・淡路大震災とチェルノブイリ原発事故から考える――社会的支援の縮小・帰還政策の問題点と課題」では、1995年に起こった阪

神・淡路大震災と 1986 年に起こったチェルノブイリ原発事故から教訓を引き出し、福島原発事故における支援に活かそうと考えた。

第4章「「借上公営住宅」の強制退去問題を考える」では、兵庫県震災復興研究センター事務局長である出口俊一が、神戸市や西宮市を中心に入居後 20 年を機に浮上した「借上公営住宅」（借り上げ災害復興公営住宅）の強制退去問題をとり上げる。これまで兵庫県震災復興研究センターは、①法制度、②契約、③信義則、④財政、⑤復興政策、⑥人権・人道、⑦入居者や民間家主の意向・実態など、さまざまな視点から問題を調査・研究し、解決に向けて実践してきた。これらの調査・研究と実践を踏まえ、この強制退去問題の経緯を整理するとともに、災害復興における「住まい」の支援の重要性について説明している。

第5章「阪神・淡路大震災後 22 年にみる住宅政策の課題」では、前章で示された問題をうけて、戸田典樹が借上公営住宅からの退去命令を受けている入居者4名を対象に実施した聞き取り調査をもとに、生活実態に着目した住居の確保の必要性を訴えている。

第6章「原発被災者の長期支援の必要性」では、田中聡子がチェルノブイリ原発事故の被災者に対するインタビューから、福島原発事故被災者への支援への教訓を得ようとした。そして、第7章「長期的避難生活を送る子どもを抱える家族への支援を考える」において、戸田典樹が福島第一原発事故とチェルノブイリ原発事故について、双方の被災者へのインタビューから比較研究を行っている。事故の規模、経済体制、事故が起きた時期、起きた場所などさまざまな点で差異があることを前提にしながらも、避難指示により避難した人たち、避難する状況にありながらも避難しなかった人たち、避難の正当性を認められない人たち（自主避難者）、避難したが帰還してきた人たち、それぞれの支援課題を探った。

さらに、第8章「福島原発事故避難者問題の構造とチェルノブイリ法」では大友信勝が、日本政府が「疫学的手法」に基づき、福島原発事故による放射線は健康に被害を及ぼす可能性が薄いとして避難指示区域を限定することに疑問を呈している。そして、「避難の権利」をテーマに、チェルノブイリ法の特徴とわが国の避難政策を比較検討し、福島原発事故における避難者問題の構造を明らかにしようとしている。

第Ⅲ部「福島原発事故被災者の夢と希望」では、住宅支援が見直され、しだいに原子力発電所が再稼動されつつある中で新たな社会的支援、補償のあり方、原子力発電所再稼動について示唆を得ようとした。

第9章「避難者の実質的生活補償へ」では弁護士である津久井進が、被災者への生活支援を全国で展開してきた経験をもとに執筆を担当した。避難者への生活補償のありようについて、憲法における平等権、個人尊重の原理、社会権といった基本的人権の保障を根拠とする被災者への継続した住宅支援の必要性を述べている。そして、この憲法の具体化が、福島原発事故により避難生活にも必要であると「子ども・被災者支援法」の実施を強調している。

最後に第10章では「原発事故、その影響と課題」をテーマとして、米山隆一新潟県知事にインタビューを行っている。米山氏は、2016年の新潟県知事選挙において、現職であった泉田裕彦氏が立候補の撤回を表明したため「泉田路線」の継承を掲げ立候補した。そして、2016年10月、福島第一原発事故の「事故原因」「放射能被曝が住民や作業員にもたらした被害の実態」「安全な避難方法」という「三つの検証」を行うことを公約に掲げ、東京電力柏崎刈羽原発の再稼動に反対を表明して知事に就任した。このような公約がどのように展開されているのか、どのような検証が行われているのか、今後の日本の原発政策のあり方に大きな示唆を与えることになるのではないかと期待し、米山知事にインタビューした。

福島原発事故後、いったんは全国の原発が停止したが、2015年8月に鹿児島県の九州電力川内原発が再稼動し、2018年2月時点で3基の原発が動いている。いまもなお避難している人々が多数おり、事故の収束の目処が立っておらず、国民の約6割が再稼動を望んでいないにもかかわらず、国は原発推進の方針を堅持している。また、双葉町・大熊町には中間貯蔵施設が建設されることが決まり、住民たちは故郷を失うこととなった。

このように、福島原発事故はまだ終わってはいない。事故から私たちはあらためて何を学び、伝えていかなければならないかを読者とともに考えるきっかけとなれば、幸いである。

編著者　　戸田典樹

福島原発事故　取り残される避難者
直面する生活問題の現状とこれからの支援課題

======== 目　次 ========

はじめに　3

福島原発事故による被災者の生活問題

第1章　原発避難いじめの実態と構造的暴力 ……… 14
[辻内琢也]

1　「原発避難いじめ」の実態 ……… 14
　1) 中高6年間にわたる犯罪的暴力　14 ｜ 2) 近隣の大人からのいじめ　15
　3) 親子で受けてきた無視・誹謗中傷・暴力　16 ｜ 4) テレビや新聞で取り上げられるたびに受けるいじめ　16 ｜ 5) 転校せざるを得なかったいじめ　17

2　原発避難いじめ調査 ……… 18
　1) 調査の概要　19 ｜ 2) 子どものいじめの概況　19 ｜ 3) 子どものいじめの内容　22 ｜ 4) 学校の対応について　22 ｜ 5) 大人社会に広がるいじめ　23

3　アンケート自由記述の分析 ……… 26
　1) 原発いじめの具体的内容　26 ｜ 2) 原発いじめはなぜいま問題になったのか　28

4　いじめの構造 ……… 32
　1) いじめ定義の変遷　32 ｜ 2) いじめの種類とタイプ　34 ｜ 3) 「いじめ防止対策推進法」の抱える課題　34 ｜ 4) 原発避難いじめの構造　38

5　構造的暴力の仕組み ……… 40
　1) 不合理な避難・帰還区域の設定　40 ｜ 2) 作られた安全・安心神話　43
　3) 構造的暴力によって生じた社会的虐待　45

6　原発いじめに対する文部科学省の調査 ……… 48

おわりに　52

第2章　楢葉町に見る自治体職員の生活実態と新たな課題 ……… 58
帰還できる町・楢葉町　　　　　[渡部朋宏]

はじめに ……… 58

1　原発事故発生からの避難経過 ……… 59

2　原発事故避難における職員対応の実態と苦悩 ……… 63

3　町の復興に向けた職員の新たな使命 ……………………………………… 71

第3章　避難している子どもを支える居場所づくり …………………… 75
[江川和弥・戸田典樹]

はじめに ………………………………………………………………………… 75

1　震災から7年目の現実 …………………………………………………… 76

　　1）「居場所」づくり活動と子どもたちの今　76 ｜ 2）大熊に帰れないと決
　　めた子育て世代　77

2　縮小される被災者支援 …………………………………………………… 79

3　NPO やボランティアが支えてきた子どもの「居場所」づくり ……… 81

　　1）震災後の活動の経過　81 ｜ 2）大熊町の子ども支援の枠組みづくり
　　── 大熊町地域学習応援協議会の活動　82

4　大学生と子どもたちの「斜めの関係」と支援のふりかえり ………… 83

5　「居場所」づくりにおける到達点と課題 ……………………………… 87

おわりに ………………………………………………………………………… 88

第II部　阪神・淡路大震災とチェルノブイリ原発事故から考える
社会的支援の縮小・住宅政策の問題点と課題

第4章　「借上公営住宅」の強制退去問題を考える ………………… 92
[出口俊一]

はじめに ………………………………………………………………………… 92

1　「借上公営住宅」とは …………………………………………………… 92

2　強制退去策の先頭を走った神戸市の「第2次市営住宅マネジメント計画
　（案）」 ……………………………………………………………………… 94

3　歓迎されて導入された借上公営住宅 …………………………………… 96

4　「借上公営住宅」はなぜ20年間であったのか ………………………… 98

5　入居者の現状 ……………………………………………………………… 99

　　1）入居者の声　99 ｜ 2）きわめて高い高齢化率　101

6　神戸市のやり方はルールと常識に適っているのか ………………… 101

　　1）陳情書への対応　101 ｜ 2）神戸市と事業者　103 ｜ 3）民間家主（オー
　　ナー）の意向　104 ｜ 4）神戸市と入居者　104

7　公平性を欠く自治体の政策 ──────────── 108
　　1）神戸市会議員の意見　108 ｜ 2）「神戸市借上市営住宅懇談会」委員の意見　109 ｜ 3）『兵庫県借上県営住宅活用検討協議会　報告書』（2013年3月）　110

8　借上料 ── 神戸市「第2次市営住宅マネジメント計画」の説明と実際 ── 111

9　強制退去策の判断・決定・遂行の責任を問う ──────── 113

10　法治主義を逸脱した退去通知 ───────────── 114

11　ようやく一部の継続居住を認めた兵庫県と神戸市だが…… ──── 116

12　目標は“希望する入居者の継続居住” ─────────── 117
　　1）神戸市が12団地551戸の「UR借上住宅」を買い取ると発表　117
　　2）20年期限は「公営住宅法の要請」なのか　118 ｜ 3）取り組み始めて8年　118

第5章　阪神・淡路大震災後22年にみる住宅政策の課題 ── 120
「借上公営住宅」入居者退去問題に焦点をあてて　　　　［戸田典樹］

はじめに ──────────────────────── 120

1　借上公営住宅から退去を迫る兵庫県、神戸市、西宮市 ───── 121

2　阪神・淡路大震災において住宅支援を受けた人たちの状況 ──── 127

3　借上公営住宅からの退去命令を受けた人たち ───────── 131

4　退去命令を受けた入居者の生活を考える ──────────── 134

おわりに ──────────────────────── 137

第6章　原発被災者の長期支援の必要性 ────────── 138
チェルノブイリ原発事故被災者のインタビュー調査を通して　　［田中聡子］

はじめに ──────────────────────── 138

1　チェルノブイリと福島 ─────────────────── 138

2　チェルノブイリ法が被災者を支える ──────────── 139

3　チェルノブイリ原発事故被災者のインタビュー調査 ────── 141
　　1）インタビュー対象者　141 ｜ 2）プリピャチからの避難　142 ｜ 3）第2ゾーンと第3ゾーンで移住しなかったナロジチ　147 ｜ 4）インタビュー調査のまとめ　151

4　福島第一原発事故の被災者を考える上で重要なことは何か ──── 153

第**7**章　長期的避難生活を送る子どもを抱える家族への支援を考える ―――― 157

[戸田典樹]

はじめに ――――――――――――――――――――――――――――――― 157

1　チェルノブイリ原発事故と福島第一原発事故における避難指示 ―――― 159

2　両原発事故における被災者を対象とした調査 ――――――――――――― 162

1）避難指示により避難した人たち　163 ｜ 2）避難する状況にありながらも避難しなかった人たち　170 ｜ 3）避難の正当性を認められなかった人たち（自主避難者）　174 ｜ 4）避難したが帰還してきた人たち　177

3　考察 ――――――――――――――――――――――――――――――― 182

おわりに ――――――――――――――――――――――――――――――― 188

第**8**章　福島原発事故避難者問題の構造とチェルノブイリ法 ――― 190

[大友信勝]

1　研究の背景と目的 ――――――――――――――――――――――――― 190

2　福島原発事故避難者問題の現局面 ―――――――――――――――――― 191

1）帰還政策の現状　191 ｜ 2）避難者の意向調査から　192 ｜ 3）災害救助法の適用打ち切り　193

3　避難者問題の構造 ――――――――――――――――――――――――― 194

1）「自主避難」の背景と要因　194 ｜ 2）「自主避難」問題の視点　196

4　原発事故における避難の視点と位置 ――――――――――――――――― 196

1）チェルノブイリ法の特徴　196 ｜ 2）ウクライナ政府報告書　197

3）子ども・被災者支援法　198

5　チェルノブイリ法の教訓と避難者問題 ―――――――――――――――― 199

1）緊急時被曝状況　199 ｜ 2）ウクライナ政府報告書と「疫学的手法」　199

3）チェルノブイリ原発事故調査チーム　200

6　研究課題 ―――――――――――――――――――――――――――――― 201

1）「疫学的手法」について　201 ｜ 2）「自主避難」問題の背景と構造　202

3）チェルノブイリ法との比較研究　203

第Ⅲ部 福島原発事故被災者の夢と希望

第9章 避難者の実質的生活補償へ　208
[津久井進]

1　「生活」を取り戻す　208
2　賠償の現状　209
3　補償を阻む3つの課題　212
　1）制度の不備・不存在　213　|　2）政府方針　214　|　3）公平の原則　215
4　生活補償を実現するために ── 災害ケースマネジメント　217
　1）災害ケースマネジメントの必要性　217　|　2）仙台市「被災者生活再建加速プログラム」の取り組み　219　|　3）一人ひとりに向き合う生活補償を　221

第10章 米山隆一新潟県知事インタビュー　222
原発事故、その影響と課題　　　　［聞き手：大友信勝・戸田典樹］

福島原発事故およびその影響と課題についての検証　223
　── 最初の課題は物理的に何が起こったか
健康と生活に及ぼした影響の検証　226
放射線科医の視点から見えるもの　228
避難計画をめぐる検証　229
柏崎刈羽原発再稼働をめぐる動向　232
代替エネルギーの考え方　234
福島原発事故避難者への住宅等の支援　236
避難者への誤解　238
避難計画公聴会をめぐって　239
子どもたちが原発事故をみる視点　240
情報公開と市民的目線 ── 民主主義を貫き通すということ　242

❖

おわりに　245

第 I 部

福島原発事故による
被災者の生活問題

第1章

原発避難いじめの実態と構造的暴力

辻内琢也
執筆協力：山本悠未・田端伸梧

1 「原発避難いじめ」の実態

1）中高 6 年間にわたる犯罪的暴力（双葉郡から埼玉県に避難）

「放射能がうつるから近寄るな」「汚い」「気持ち悪い」「福島のやつらは金をもらっている」「福島人は金持ちだからたかっていい」「帰れ」「核のゴミを持ってくるな」「勉強する資格がない」。たばこの火をおしつけられる。万引きを強制された。生ゴミを食べさせられた。お金をとられた。バッグ、教科書をわざと汚されたり、壊されたりした。取られたりした。夜、呼び出しをされ、タバコを買わせられる。家に押しかけ、朝まで大騒ぎし、酒を飲み、たばこを吸われ、部屋が汚くなった。妹の部屋の天井の壁が壊され、穴を開けられた。ナイフを足につきつけられ、脅迫された。「お前ら福島人は生きる資格がないから家族全員殺す」と言われ、警察にも被害届が受理された。髪を丸刈りにさせられた。自転車を壊された。

この回答者は、現在 19 歳になる男子の母親である。子どもは中学・高校の 6 年間、いじめにあっていた。クラスメイトやクラスメイト以外の同じ学年の生徒、上級生、下級生、担任の教師、担任以外の教師、近隣の友人、近隣の大人、塾や習い事先の友人、塾や習い事先の大人、その他近所の人からいじめを受けてきた、と記述している。無視、仲間はずれ、からかい、直接的な悪口や誹謗中傷、SNS・メール・ネットなどによる誹謗中傷を受け、物

を隠され、盗まれ、壊され、嫌なことをさせられ、金品をたかられ、身体的な暴力を受け、命の危険が及ぶ重大事態になっている。いじめは、放射能に関すること、原発に関すること、賠償金に関すること、住宅に関すること、避難者であること、言葉のなまり、などと関係があると回答している。

　　子どもは自殺をしようとしていたようで、先に「俺が死んだら、どこの墓に行くの？」とか、「脳死状態になったら臓器提供したい」など、具体的に死を意識した発言や行動があった。いじめていた子たちからの謝罪は一切ない。くやしい。もう思い出したくない。こういうアンケートも辞めて欲しい。

母親自身も、近隣の人や知人から、次のような精神的な苦痛を受けている。

　　一時帰宅でアルバムなどを持って来た時、「気持ち悪いから、あんまり持ってこないで」「もう荷物なんか持ってこなくてもいいんじゃないの？」「早く、福島に帰ればいいのに……」「金がある人はいいわね―！」「福島県産のものなんて、汚くて気持ち悪くて買えない」。近所の人や知人に「あの家は、福島から来た奴らで汚い」などと言われた。車のミラーを曲げられ、こわされた。あいさつをしてもムシされる。暴言をはかれたり、ゴミを敷地内に入れられたりする。「原発宝くじに当たったやつらなんて、早く死ねばいいのに……」と言われた。

2）近隣の大人からのいじめ（双葉郡から神奈川県に避難）
　　いわき市民の方に直接地元や賠償金のことについて身勝手な文句を言われた。相手は60才女性で、住む家もあって毎日不自由なく生活しているのに、私たちが賠償金をもらって楽しく生活しているんじゃないかとか、一時間くらい、1対1できつく言われた。私は当時17才で言い返せなかった。好きで町や家を失ったわけではないのに。「お金もらってるの？」とか「いらない服ほしい？（悪意で）」。

回答者は、現在19歳になる女性自身の回答である。「当時は、いじめられ

ていても家や学校で話せるほど（余裕がなく）家族も自分も精一杯だったから。今は少しずつ落ち着いてきて、日常を送れるから、自分のことを話す余裕ができた」と記載している。いじめを受けたのは、中学3年生と、大学1年生のとき。直接的な悪口や誹謗中傷を受けている。いじめには、賠償金に関すること、住宅に関すること、避難者であること、が関係していると回答している。

3）親子で受けてきた無視・誹謗中傷・暴力（双葉郡から東京都に避難）

「菌」呼ばわりされた。突き飛ばし、けとばされ、「4階からとびおりろ」と言われ。平手打ち。何度担任の先生に言っても動かなかった。「半年（間）」校長先生に相談。暴言、親子で無視、銀行の仕事をしている人がとてもやさしくしてくれた。（その後）お金を自分の銀行へ入金してくれと言われた。断ると無視されるようになった。「団地でお金を払っていないから行事に参加するな」「お金をいっぱいもらっているんでしょう！」「5年すぎたのにまだそんなこと言ってるの！」、去年のことです！。

回答者は、現在16歳になる子どもの母親である。子どもは高校1年生のときに、クラスメイトやクラスメイト以外の同じ学年の生徒、塾や習い事先の友人からいじめを受けた。無視、仲間はずれ、からかい、直接的な悪口や誹謗中傷を受け、嫌なことをさせられ、身体的な暴力を伴ういじめを受けた。いじめは、放射能に関すること、原発に関すること、避難者であること、と関係していると回答している。子どもは今でも、いじめのために「福島から来た」ことを周りから隠すようになっているという。母親自身は、近隣の人、職場の人、学校関係者から、精神的な苦痛を受けている。

4）テレビや新聞で取り上げられるたびに受けるいじめ（双葉郡から避難、避難先未記入）

今さら、何を聞きだそうとしているのか？　TVや新聞などで賠償金の話が取り上げられる度に、「いいご身分だ！　何もしないででかい金がころがってきて！」、「いつまでタダの仮設にいるんだ。早く

16　　第Ⅰ部　福島原発事故による被災者の生活問題

出て行け！」、顔を合わせる度に眉間にしわを寄せ、言われ続けました。ママが言っていたと…「お金ひとり 10 万ずつもらっているんでしょ？」と…。4 年目に嫌で仮設から出ました。みんな TV や新聞が悪い。お金のことばかり。今まで自分の力で得た土地や家を奪われ、その日突然帰れなくなったことなんかそっちのけだ。直接、「現金で家を建てたんだってね」と○町の人が隣に住んでいるのだが、「△町はずるい。一番お金もらっている。通帳にどれだけ入っているのか言ってみて！」と。今さら、いじめのことをきいても意味ない。地獄だったよ……親も子も。

　回答者は、現在 13 歳の中学 1 年生の子どもの母親である。同じ避難者同士の賠償金額の多寡に関するねたみについて記述されている。子どもは小学校 2 年生から現在までの 6 年間続けて、クラスメイトやクラスメイト以外の同じ学年の生徒、上級生、下級生、近隣の友人、近隣の大人からいじめを受けており、「不登校にはならないものの、泣きながら登校している」と書かれている。からかい、直接的な悪口や誹謗中傷、嫌なことをさせられる、金品をたかられる、などのいじめを受けている。いじめは、賠償金に関することと、避難者であること、と関係していると回答している。学校にいじめについて伝えたが、まったく対応してくれず、子どもは「福島から来た」ことを周りから隠すようになっている、という。マスコミに対する怒りと、アンケート調査に対する不信感についても記載されている。

5）転校せざるを得なかったいじめ（南相馬市から仙台に避難）
　　　毎日のように、「たまご、たまご」とからかわれた（いじめた子の言葉としての「たまご」は→われやすい→弱い→弱者だそうです。先生より）。6 年生の 1 学期には、完治 1 ヶ月のケガをしました（手をねじりあげられた事により腱を痛めた）。おおごとにすると、いじめがひどくなると思い、学校に軽く報告しただけでしたが、相手の親からは「避難者だから病院はタダだろ」とか、「みんなでじゃれあって遊んでいた中のケガということにしろ」と上（から）目線で言われました。その後も、無視やからかいは続きましたので、学校立ち会いのもと、子どもと親

どうし話し合いをしました。その後、転校しました。

　回答者は、現在15歳の中学校3年生の子どもの母親である。小学校5〜6年生のときに、クラスメイトとその親から、仲間はずれ、からかい、直接的な悪口や誹謗中傷、身体的な暴力を伴ういじめを受けていた。いじめは、原発に関すること、避難者であること、と関係していると回答している。このいじめのために、子どもは「福島から来た」ことを周りから隠すようになったという。「いじめがなぜ今問題になっていると思いますか」という質問に対して、以下のように回答している。

　　ひとことでは言えないですが、大人の家庭での言葉がそうさせていると思う時があります。うちの場合ですが、相手のお父さんは電力会社の原発で働いているとの事でした。「自分の家はお父さんが給与カットされている（本人が言ったそうです）」のに、私達がお金をもらっているのがゆるせなかったのでしょう。

2　原発避難いじめ調査

　第1節で紹介した事例は、われわれが原発事故より6年になる2017年1月から2月にかけて、「震災支援ネットワーク埼玉（SSN）」と「NHK報道局社会部・NHKクローズアップ現代プラス番組制作班」と共同で行ったアンケート調査の自由記述回答の一部である。

　本調査は、福島県南相馬市の全戸6200世帯と、関東1都6県において避難生活を送る、福島県双葉町住民875世帯、福島県富岡町住民1500世帯、福島県大熊町住民1000世帯、福島県いわき市住民700世帯の、計1万275世帯を対象に実施された。調査用紙は、それぞれの市町の広報誌に同封して配布され、返信用封筒にて回収された。

　本調査では、2つの調査用紙が使用されている。これまで、毎年行ってきた継続的な質問項目を調査表①とし、避難者が抱える心配事や困り事を解決するための電話相談や復興支援員の訪問支援につなげることを目的として行われた。同時に、「原発避難に関するいじめ問題についての実態調査（以下、

原発避難いじめ調査）」を調査表②とし、「いじめ被害」の現状をテレビニュースなどによって放送し、広く社会の理解を深め、必要な対策がとられるように図る目的で行われた。どちらの調査表も、量的調査および質的調査を併用した質問紙であり、豊富な自由記述欄を設けている。なお、調査表②は、いわき市を除く 9575 世帯に配布された。回収数は調査表①が 1083 件（回収率 10.0%）、調査表②が 782 件（回収率 8.2%）であった。

　本稿では、調査表②の「原発避難いじめ調査」の結果を中心に報告する。

1) 調査の概要

　782 件の回答者の属性は、男性 353 件（45.1%）、女性 387 件（49.5%）、無回答 42 件（5.4%）であった。年齢は、10 代 7 件（0.9%）、20 代 12 件（1.5%）、30 代 61 件（7.8%）、40 代 125 件（16.0%）、50 代 104 件（13.3%）、60 代 206 件（26.3%）、70 代 142 件（18.2%）、80 代 65 件（8.3%）、90 代 10 件（1.3%）、無 回 答 50 件（6.4%）であった。

　2011 年に指定された避難指定区域別の割合として、警戒区域 436 件（55.8%）、緊急時避難準備区域 213 件（27.2%）、計画的避難区域 23 件（2.9%）、それ以外の区域 36 件（4.6%）、無回答 74 件（9.5%）であり、元警戒区域の回答者が半数以上であった。2012 ～ 2013 年の区域再編後の指定区域としては、帰還困難区域 237 件（30.3%）、居住制限区域 80 件（10.2%）、すでに解除された避難指示解除準備区域 304 件（38.9%）、まだ解除されていない避難指示解除準備区域 50 件（6.4%）、それ以外の区域 50 件（6.4%）、無回答 61 件（7.8%）であり、すでに解除された避難指示解除準備区域と帰還困難区域が多かった。

　本調査では、いじめを「学校の内外を問わず、本人が、一定の人間関係のある人から、心理的、物理的な攻撃を受けたことにより、精神的な苦痛を感じているもの」と定め、「お子様、お孫様、発災当時学生だった方」の体験について回答を求めた。子どもや孫が複数いる場合は、そのうち 1 人について回答していただいた。

2) 子どものいじめの概況

　表 1-1 に示したように、回答者 782 名中、「原発避難を理由に学校でいじめを受けたことがある」と回答した者は 55 件の 7.0% であった。

表 1-1　原発避難を理由に学校でいじめを受けたことはありますか。

	回答数	割合
1.　はい	55	7.0%
2.　いいえ	287	36.7%
3.　無回答	440	56.3%
計	782	100.0%

表 1-2　それは誰からですか。（複数回答、割合は 55 件中の数値）

	回答数	割合
1.　クラスメイト	36	65.5%
2.　クラスメイト以外の同じ学年の生徒	13	23.6%
3.　上級生	15	27.3%
4.　下級生	4	7.3%
5.　担任の教師	4	7.3%
6.　担任以外の教師	5	9.1%
7.　その他	6	10.9%

　いじめを受けたことがあると回答した者のうち、回答者の続柄は、父 9 件（16.4%）、母 23 件（41.8%）、祖父 10 件（18.2%）、祖母 4 件（7.3%）、自分／本人 2 件（3.6%）、その他 1 件（1.8%）、無回答 6 件（10.9%）であった。大半はいじめを受けた両親や祖父母の世代が回答しているが、中にはいじめを受けた本人が回答しているものもあった。

　いじめを受けた子どもの「現在の年齢」は、10 歳 3 名、11 歳 5 名、12 歳 3 名、13 歳 8 名、14 歳 5 名、15 歳 3 名、16 歳 7 名、17 歳 3 名、18 歳 3 名、19 歳 2 名、20 歳 3 名、22 歳 5 名、23 歳 1 名、無回答 4 名であり、平均年齢は 16.2 歳であった。

　いじめを受けた相手は複数回答で、クラスメイト 36 件（65.5%）、クラスメイト以外の同じ学年の生徒 13 件（23.6%）、上級生 15 件（27.3%）、下級生 4 件（7.3%）、担任の教師 4 件（7.3%）、担任以外の教師 5 件（9.1%）、その他 6 件（10.9%）であった（表 1-2）。ここからは、教員からもいじめを受けている実態が見える。

　次に、塾や地域などの学校以外におけるいじめについて回答を求めたところ、23 件（2.9%）が「はい」と答えた（表 1-3）。その内訳は、近隣の友人

表1-3 原発事故を理由に、学校以外（塾や地域など）でいじめを受けたことはありますか。

	回答数	割合
1. はい	23	2.9%
2. いいえ	216	27.6%
3. 無回答	543	69.4%
計	782	100.0%

表1-4 (1-3で「はい」と答えた方に）それは誰からですか。（複数回答、割合は23件中の数値）

	回答数	割合
1. 近隣の友人	8	34.8%
2. 近隣の大人	11	47.8%
3. 塾や習い事先の友人	4	17.4%
4. 塾や習い事先の大人	2	8.7%
5. その他	9	39.1%

表1-5 原発避難を理由にいじめを受けた学年を教えてください。（複数回答、割合は55件中の数値）

	回答数	割合
1. 幼稚園	1	1.8%
2. 小学校低学年（1～3年）	26	47.2%
3. 小学校高学年（4～6年）	24	43.6%
4. 中学校	28	50.9%
5. 高等学校	13	23.6%
6. 専門学校・短大・大学	3	5.4%
7. その他	4	7.3%

から8件（34.8%）、近隣の大人から11件（47.8%）、塾や習い事先の友人4件（17.4%）、塾や習い事先の大人2件（8.7%）、その他9件（39.1%）であり、大人からのいじめがあることもわかる（表1-4）。

　いじめを受けた学年を表1-5に示した。幼稚園1.8%、小学校低学年47.2%、小学校高学年43.6%、中学校50.9%、高等学校23.6%、専門学校・短大・大学5.4%であった。ここからは、小学校から高等学校までひろくいじめが存在していることがわかる。

第1章　原発避難いじめの実態と構造的暴力　　21

3）子どものいじめの内容

次に、子どもたちはどのようないじめを受けているのかを見ていきたい。表1-6に「学校や学校以外で受けたいじめ」の内容について示した。直接的な悪口・誹謗中傷65.5%、からかい49.1%、仲間はずれ43.6%、無視34.5%、身体的な暴力を伴ういじめ（叩く・蹴る）25.5%、嫌なことをさせられる21.8%、金品をたかられる10.9%、物を盗まれる10.9%、物を隠される9.1%、物を壊される7.3%、命の危険がおよぶ重大事態3.6%、SNS・メール・ネットによる誹謗中傷1.8%、その他10.9%であった。命の危険がおよぶ重大事態には、冒頭で「中高6年間にわたる犯罪的暴力」として紹介した事例が含まれる。

表には示していないが、「いじめはここ最近1～2年のことですか」という質問に対して23件（41.8%）が「はい」と回答しており、さらに「それは今も続いていますか」という質問に対して3件（13.0%）が「はい」と回答している。また、「原発避難と関連したいじめをきっかけに、不登校になったことはありましたか」という質問に対して21件（38.2%）が「はい」と回答しており、「原発避難と関連した嫌がらせやいじめのために、お子様・お孫様が「福島から来た」ことを周りから隠すようになりましたか」という質問に対して48件（87.3%）が「はい」と回答している。

次に、表1-7に「いじめはどのようなことと関係があると思いますか」という質問の回答を示した。いじめを受けた55件のうち22件のみの回答ではあるが、放射能に関すること6件（10.9%）、原発に関すること5件（9.1%）、賠償金に関すること5件（9.1%）、住宅に関すること1件（1.8%）、避難者であること4件（7.3%）、その他1件（1.8%）であった。

4）学校の対応について

いじめを受けたときに学校に伝えた家庭は35件（63.6%）であった（表1-8）。この35件のうち、学校側が原発避難と関連したいじめと認識したのは17件（48.6%）であり、原発避難と関連したいじめと認識しなかったのは3件（8.6%）であった。

いじめを伝えた際の学校の対応への評価を表1-9に示した。しっかり対応してくれた15件（27.3%）、少しは対応してくれた14件（25.5%）、あまり

表 1-6　学校や学校以外で受けたいじめは、どのようなものでしたか。
（複数回答、割合は 55 件中の数値）

	回答数	割合
1.　直接的な悪口・誹謗中傷	36	65.5%
2.　からかい	27	49.1%
3.　仲間はずれ	24	43.6%
4.　無視	19	34.5%
5.　身体的な暴力を伴ういじめ（叩く・蹴る）	14	25.5%
6.　嫌なことをさせられる	12	21.8%
7.　金品をたかられる	6	10.9%
8.　物を盗まれる	6	10.9%
9.　物を隠される	5	9.1%
10.　物を壊される	4	7.3%
11.　命の危機がおよぶ重大事態	2	3.6%
12.　SNS・メール・ネットによる誹謗中傷	1	1.8%
13.　その他	6	10.9%

表 1-7　いじめはどのようなことと関係があると思いますか。（複数回答、
割合は 55 件中の数値）

	回答数	割合
1.　放射能に関すること	6	10.9%
2.　原発に関すること	5	9.1%
3.　賠償金に関すること	5	9.1%
4.　住宅に関すること	1	1.8%
5.　避難者であること	4	7.3%
6.　その他	1	1.8%

対応してくれなかった 7 件（12.7%）、まったく対応してくれなかった 8 件
（14.5%）、無回答 11 件（20.0%）であった。約半数はそれなりに対応してくれ
ているものの、約 15％がまったく対応してくれなかったと回答している。

5）大人社会に広がるいじめ

　最後に、回答者自身（主に両親や祖父母）の経験について尋ねたところ、い
じめと同様の現象が大人社会にきわめて多く存在していることが明らかに

表1-8　いじめを受けたとき、学校側に伝えましたか。

	回答数	割合
1.　はい	35	63.6%
2.　いいえ	19	34.5%
3.　無回答	1	1.8%
計	55	100.0%

表1-9　その時に学校はどのように対応しましたか。

	回答数	割合
1.　しっかり対応してくれた	15	27.3%
2.　少しは対応してくれた	14	25.5%
3.　あまり対応してくれなかった	7	12.7%
4.　まったく対応してくれなかった	8	14.5%
5.　無回答	11	20.0%
計	55	100.0%

なった。

　表1-10に示したように、本アンケート回答者782件のうち、半数近い359件（45.9%）が「心ない言葉をかけられたり、精神的な苦痛を感じるようなことをされたりした」と回答している。この359件に対して「それは誰からですか」という質問をしたところ、近隣の人から188件（52.4%）、職場の人から102件（28.4%）、学校関係者から20件（5.6%）、親・兄弟から23件（6.4%）、親戚から35件（9.7%）、その他116件（32.3%）と回答している（表1-11）。精神的苦痛を、数は多くないものの親・兄弟・親戚からも受けている点は原発事故に特記すべきことであろう。前著『福島原発事故　漂流する自主避難者たち』（辻内2016a）において詳述したが、家族・親戚内で放射線の健康影響に関する価値観が異なり、家族内の分断が起きていることと関係があるのではないかと思われる。その背景にあると考えられる、安全・安心神話の問題については後述する。

　表1-12に、回答者自身が受けた「心ない言葉や精神的苦痛」をいわば「大人に対するいじめ」と捉え、それがどのような問題と関係があるかについての回答を示した。放射能に関すること132件（36.8%）、原発に関すること95件（26.5%）、賠償金に関すること296件（82.5%）、住宅に関すること77

表 1-10　大人社会でも、原発避難に関連することで、心ない言葉を
　　　　かけられたり、精神的な苦痛を感じることをされたりしたこ
　　　　とはありますか。

	回答数	割合
1.　はい	359	45.9%
2.　いいえ	324	41.4%
3.　無回答	99	12.7%
計	782	100.0%

表 1-11　（1-10 で「はい」と回答した方に）それは誰からですか。
　　　　（複数回答、割合は 359 件中の数値）

	回答数	割合
1.　近隣の人から	188	52.4%
2.　職場の人から	102	28.4%
3.　学校関係者から	20	5.6%
4.　親・兄弟から	23	6.4%
5.　親戚から	35	9.7%
6.　その他	116	32.3%

表 1-12　（1-10 で「はい」と回答した方にお伺いします）いじめはど
　　　　のようなことと関係があると思いますか。（複数回答、割合
　　　　は 359 件中の数値）

	回答数	割合
1.　放射能に関すること	132	36.8%
2.　原発に関すること	95	26.5%
3.　賠償金に関すること	296	82.5%
4.　住宅に関すること	77	21.4%
5.　避難者であること	211	58.8%
6.　その他	17	4.7%

件（21.4%）、避難者であること 211 件（58.8%）、その他 17 件（4.7%）であった。

　表 1-7 と比較すると、いわゆる「大人のいじめ」の特徴が見えてくる。
件数が少ないので厳密な比較はできないものの、「子どものいじめ」では、
放射能に関すること 6 件、原発に関すること 5 件、賠償金に関すること 5 件、
であり上位 3 つの件数がほぼ同数であった。しかし、「大人のいじめ」では、

第 1 章　原発避難いじめの実態と構造的暴力　　25

8割を超えた圧倒的多数が「賠償金に関すること」をあげている点が特徴であろう。

3　アンケート自由記述の分析

　ここでは、アンケート調査に自由記述の分析結果について示す。データの質的分析方法として KJ 法を用いている。KJ 法は、文化人類学者の川喜田二郎がデータをまとめるために考案した手法であり、海外でよく使用される GTA（グラウンデッド・セオリー・アプローチ）と並んで国際的にも評価されている分析法である。データを記載したカードを内容のまとまりごとに分類整理し、階層的にカテゴリー化していき、それを図解し、文章等にまとめていく方法である。本研究では、一人ひとりの自由記述データを原則的に 1 つのカードとして扱ったが、文章の中に数件の異なる内容が認められた場合は、記述を文節化して数枚のカードとして整理した。KJ 法の分析結果図を以下に示すが、図や文中のカッコ（　）内の数字は件数を表している。カテゴリーのレベルとして、大カテゴリーを【　】、中カテゴリーを〈　〉、小カテゴリーを［　］で記述した。

　1）原発いじめの具体的内容
　図 1-1 に、「原発避難を理由に、これまでに受けたいじめの内容について、具体的にお書きください」という質問に対する回答の分析結果図を示した。子どものいじめがあると回答した 55 件のうち、自由記述への回答は 34 件であり、その中から合計 51 件の内容が抽出された。文部科学省のいじめの分類に基づいた、筆者らがあらかじめ用意した「いじめの内容」13 項目への回答は前節の表 1-6 に示したが、ここではさらに具体的な内容が浮かび上がった。
　【Ⅰ．身体的ないじめ】が 9 件あり、突き飛ばされた (2)、平手打ちをされた (2)、首をしめられた (1)、タバコの火を押しつけられた (1)、髪を丸刈りにされた (1)、ズボンを下げられた (1)、体への暴力を受けた (1)、などが認められた。
　【Ⅱ．物理的ないじめ】は 6 件あり、〈物に対する暴力〉として、車を傷つ

けられた（1）、家の壁に穴を開けられた（1）、自転車を壊された（1）、などがあり、〈金銭の要求〉として、「おごれ」と言われた（1）、お金をとられた（2）、などが認められた。

【Ⅲ．心理的ないじめ】は30件あり最も多く、その中に〈言葉の暴力〉が24件と、〈無視〉が6件認められた。〈言葉の暴力〉の中には、［放射能・原発に関するもの］10件、［賠償金に関するもの］7件、［その他の言葉の暴力］7件、の3種類が認められた。［放射能・原発に関するもの］には、放射能がうつる（5）、バイキン扱いされた（2）、転校した理由に放射能を引き出される（1）、放射能のにおいがする（1）、「福島第一原発（フクイチ）」のあだ名をつけられた（1）、などがあった。［賠償金に関するもの］としては、

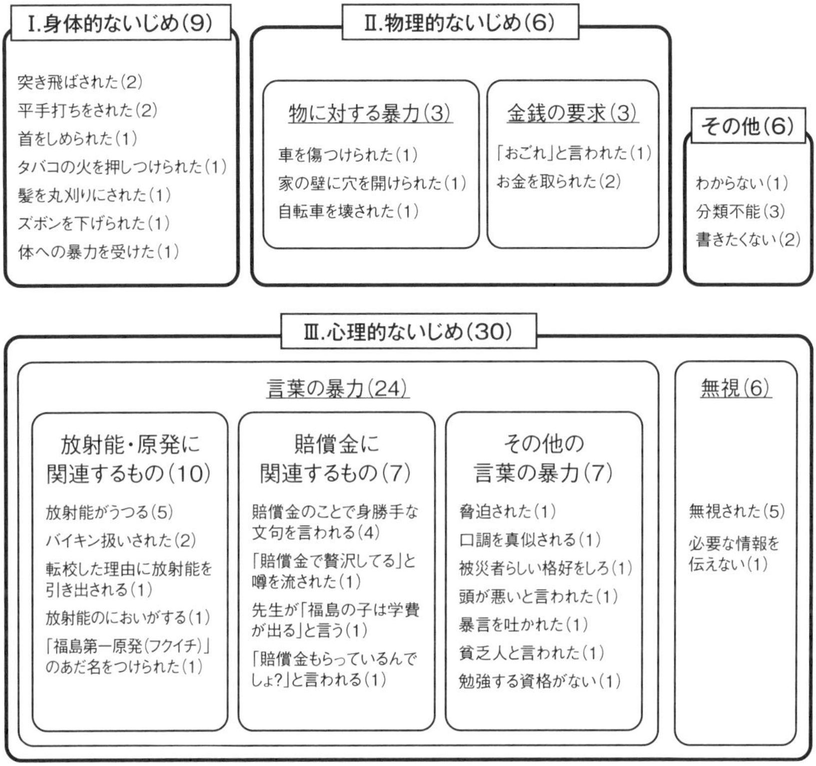

図1-1　自由記述「いじめの具体的内容」の分析結果
※カッコ内の数字は件数

第1章　原発避難いじめの実態と構造的暴力　　27

賠償金のことで身勝手な文句を言われる（4）、「賠償金で贅沢している」と噂を流された（1）、先生が「福島の子は学費が出る」と言う（1）、「賠償金もらっているんでしょ？」と言われる（1）、などがあった。［その他の言葉の暴力］として、脅迫された（1）、口調を真似される（1）、被災者らしい格好をしろ（1）、頭が悪いと言われた（1）、暴言を吐かれた（1）、貧乏人と言われた（1）、勉強する資格がない（1）、などが認められた。〈無視〉6件の中には、無視された（5）、必要な情報を伝えない（1）、などが認められた。

分類不能（3）を含めて、書きたくない（2）、わからない（1）、といった6件を【その他】としてまとめた。

2）原発いじめはなぜいま問題になったのか

図1-2に、「福島から避難した子どもへのいじめが、なぜ今、問題になっていると思いますか」という質問に対する自由記述の分析結果を示した。この自由記述への回答は123件あり、その中から合計135件の内容が抽出された。

全体的に、大きく3つの大カテゴリーに分類された。原発事故後にもともとあった「いじめ」が最近になって表面化したと考える意見【Ⅰ．表面化した問題】が48件あり、「いじめ」が生まれる背景には潜在的な問題が認められると考える意見【Ⅱ．潜在的な問題】が75件、「いじめ」の発生には社会の根底にある問題が関与していると考える意見【Ⅲ．根底にある問題】が12件認められた。これらの回答から、原発避難いじめの基底にあるさまざまな要因が構造的に明らかにされた。

【Ⅰ．表面化した問題】として、〈マスコミの問題〉が12件あり、マスコミが取り上げたから（4）、マスコミが助長しているから（6）、マスコミが賠償金ばかり取り上げるから（1）、マスコミの伝え方に問題があるから（1）、という意見があった。〈国・東電の問題〉が5件あり、国・行政・東電が責任ある対応をしていないから（3）、行政の対応が遅かったから（2）、といった意見があった。〈学校・教育の問題〉が6件あり、学校・教育機関の対応が悪かったから（4）、学校・教育機関の対応が遅かったから（2）、といった意見があった。〈風化〉が5件あり、震災・原発が風化してきた証である（4）、マスコミが取り上げなくなったから（2）、といった意見があった。こ

I. 表面化した問題（48）

マスコミの問題（12）

マスコミが取り上げたから（4）
マスコミが助長しているから（6）
マスコミが賠償金ばかり取り上げるから（1）
マスコミの伝え方に問題があるから（1）

国・東電の問題（5）

国・行政・東電が責任ある対応をしていないから（3）
行政の対応が遅かったから（2）

学校・教育の問題（6）

学校・教育機関の対応が悪かったから（4）
学校・教育機関の対応が遅かったから（2）

風化（5）

震災・原発が風化してきた証である（4）
マスコミが取り上げなくなったから（2）

社会状況の悪化（4）

不登校や仕事に就けない人が増えているから（1）
一部の態度に問題のある避難者の噂が避難者全体に悪いイメージをつくっているから（3）

社会状況は不変（5）

いまになって明るみに出た（8）
もともとあったいじめがやっと問題視された（4）
氷山の一角である（1）

社会状況の改善（11）

状況が落ち着き、いじめについて発言できるようになったから（8）
声をあげても良い雰囲気ができてきたから（3）

II. 潜在的な問題（75）

親・教育者の悪影響（20）

大人（親・教育者）の悪影響（18）
教育者の心ない行動（2）

無理解（20）

原発や放射能に対する無理解（4）
放射能や賠償金に対する無理解（11）
賠償金に対する無理解（5）

偏見（4）

正しい情報が伝わってこない（1）
勘違いしている（1）
色々なことがひとり歩きして偏見が生まれている（1）
人に対する風評被害がある（1）

賠償金へのねたみ（14）

賠償金へのねたみ（14）

原発事故がいまだに避難者を存在させている（17）

避難生活が長すぎる（2）　　避難者という存在が続いている（7）　　避難者の中の格差がある（5）
避難先への遠慮がある（2）　　「避難しなくてもいいのに」と言われる（1）

III. 根底にある問題（12）

もともとの人間の性質（3）　　お金に対する不十分な教育（3）　　人間の心理の問題（3）
文化的な差別の問題（1）　　政治の貧困（1）　　家庭や地域の崩壊（1）

図 1-2　自由記述「考えられる"いじめ問題"の原因」分析結果
※カッコ内の数字は件数。

れは、世間で震災や原発の問題が風化してきたからこそ、いじめられている実態を社会に訴えなければならないような状況になったのだと読み取ることができる。

　社会状況に関して、徐々に悪化してきているとする考えと、悪い状況は変わっていないという考え、そして少しずつ改善してきているという考えに分かれた。〈社会状況の悪化〉は４件あり、不登校や仕事に就けない人が増えているから（1）、一部の態度に問題のある避難者の噂が避難者全体に悪いイメージをつくっているから（3）、という意見があった。〈社会状況は不変〉は５件あり、いじめが今になって明るみに出た（8）、もともとあったいじめがやっと問題視された（4）、氷山の一角である（1）、といった意見があった。〈社会状況の改善〉は 11 件あり、状況が落ち着きいじめについて発言できるようになったから（8）、声をあげてもよい雰囲気がでてきたから（3）、という意見が認められた。

　これらの【Ⅰ．表面化した問題】をまとめると、〈国・東電の問題〉や〈学校・教育の問題〉が「いじめ」問題を生じさせ悪化させているとする考えが中心にあり、そこに〈マスコミの問題〉が加わって、良い意味でも悪い意味でも社会に大きく取り上げられるようになってしまった、という現象が読み取れるだろう。また、〈社会状況の悪化〉〈不変〉〈改善〉にかかわらず、「原発避難いじめ」の現象は事故当初からずっと存在し続けてきたことが理解できる。原発事故後６年の間に、状況がさらに悪化しているとみるか、社会の悪い状況は変わっていないのに今になって氷山の一角が表れたとみるか、あるいは、苦しい生活が多少落ち着いてきたから発言できるようになったのだ、という三者三様の考えも確認できた。回答者の置かれている社会状況によって異なった見解が出ているのだと理解できる。

　「原発避難いじめ」の背景にある【Ⅱ．潜在的な問題】としては、〈親・教育者の悪影響〉が 20 件あり、大人（親・教育者）の悪影響（18）、教育者の心ない行動（2）、といった意見があった。この中には、「子どもは親の映し鏡だ」という意見もあり、親や学校の教員の言動が子どもの言動に大きく影響を与えている様相が示されている。〈無理解〉も多く 20 件であった。原発や放射能に対する無理解（4）、放射能や賠償金に対する無理解（11）、賠償金に対する無理解（5）、といった意見があった。次に〈偏見〉が４件あり、正し

30　　第Ⅰ部　福島原発事故による被災者の生活問題

い情報が伝わってこない（1）、勘違いしている（1）、色々なことがひとり歩きして偏見が生まれている（1）、人に対する風評被害がある（1）、という意見があった。〈賠償金へのねたみ〉も多く 14 件あった。〈原発事故がいまだに避難者を存在させている〉が 17 件あり、避難生活が長すぎる（2）、避難者という存在が続いている（7）、避難者の中の格差がある（5）、避難先への遠慮がある（2）、「避難しなくてもいいのに」と言われる（1）、といった意見があった。

　子どもに現れている原発避難いじめの背景には、〈親・教育者の悪影響〉といった大人社会の問題があり、さらには〈無理解〉〈偏見〉〈賠償金へのねたみ〉といった問題が存在していることが明らかになった。

　原発事故から 6 年が経過する時点においても、貯水プールに残った燃料棒の取り出しも終わっておらず、ましてやメルトダウンした核燃料の処理方法は確立されてもおらず、原発事故処理は今後何十年も続くことは明らかである。再び原子力発電所の建物に被害が出るほどの地震などの災害が起きれば、新たな放射性物質の拡散が生じてしまう危険性を常に抱えているのである。2017 年 3 月に多くの避難区域が解除され、「強制避難者」の世帯数は減少した。しかし、避難指示が解除されたとしても、先に示したような不透明な未来を前に帰還を踏みとどまる世帯も多く、今後も帰還を選択しない「自主避難者」とみなされる世帯が数多く出現していくものと考えられる。〈原発事故がいまだに避難者を存在させている〉という問題は、政府によって避難指示が解除されて帰還できることが公的に示されるだけでは解決しない。地域で安全・安心な生活ができる状況にならなければ、避難者という存在は存在し続けるのである。

　最後に【Ⅲ．根底にある問題】であるが、そこには、人間の文化や人間の性質に関するきわめて辛辣な見解が示されていた。「いじめ」が起きる理由として、人間社会の弱肉強食がある、弱者理解ができない、自分と異なるものを排除する、といった〈もとものの人間の性質〉だとする意見が 3 件あった。次に、〈人間の心理の問題〉が 3 件あり、「いじめ」には、いじめる者といじめられる者の心理の問題が根底にあるとする意見があり、また〈文化的な差別の問題〉があるとする意見が 1 件あった。〈お金に対する不十分な教育〉がいじめの根底にある原因だとする意見が 3 件、〈家庭や地域の崩壊〉

が1件、〈政治の貧困〉が1件であった。

　これらは、現代の日本社会における家庭や地域の問題、そして政治の問題とともに、人間のもともとの性質、あるいは文化に根付いたものとして、「いじめ」現象は歴史的にも国際的にも普遍的に存在するものだ、と読み取ることも可能であろう。たしかに一般的な「いじめ」の現象は、英語圏では「bulling, mobbing, persecuting」、ドイツ語圏では「schikane, gewalt」、中国語圏では「欺負」などとして、国際的研究や対策が練られている（清永ら2000；森田ら2001；スミス2016）。大切なことは、普遍的にある問題だから「仕方がない」とその問題を放置したり、問題解決を放棄してはならないということである。「いじめ」の問題は、われわれ人間社会が生み出した問題であり、解決されていないのは「いじめ」を再生産し続けている構造が存在するからである。

4　いじめの構造

1）いじめ定義の変遷

　文部科学省（2001年以前は文部省）は30年間にわたり「児童生徒の問題行動等生徒指導上の諸問題に関する調査」を毎年行ってきている。調査を開始した1985年当初は、いじめを以下のように定義していた。

　　　①自分よりも弱いものに対して一方的に、②身体的・心理的な攻撃を継続的に加え、③相手方が深刻な苦痛を感じているものであって、④学校としてその事実を確認しているもの。なお、起こった場所は学校の内外を問わない。

　この定義は、その後1995年と2007年に変更されている。これらの変更では、第二東京弁護士会子どもの権利に関する委員会（2015）によると、学校の事実確認の有無といじめは無関係であるとの批判から「④学校としてその事実を確認」という文言が削除されたという。また、いじめが必ずしも「①自分よりも弱いものに対して一方的」に行われるとは限らず、強者と弱者という立場が流動的に変化しながら行われているものであることから、上記①

の文言が削除されたとしている。さらに、「継続的」「深刻な」といった基準が曖昧であるとして、いじめの定義から削除された。

2011年に発生した「滋賀県大津市いじめ自殺事件」の際の学校や市教育委員会の対応への批判が発端となり、いじめ問題は大きな社会問題となった。民主党から自民党への政権交代となった2012年12月の第46回衆議院議員総選挙では、多くの政党がいじめ対策を政権公約に掲げるまでに関心が高まった。2013年に入り、民主党・生活の党・社民党の共同提案で参議院に提出された「三党案」と、自民党・公明党によって衆議院に提出された「与党案」を元に、与野党実務者協議における議論を経て、6月に「いじめ防止対策推進法」が成立し、9月に施行されている。

この法案の立案と審議に積極的に関与した民主党議員の小西（2014）は、「我が国で初めてのいじめ対策の法律」であり、「米国や英国等の諸外国の優れた仕組みを参考に、我が国の先進的な地域の取組も加味して立案された、世界で最も充実した対策法となっている」と、この法律の制定を高く評価している。

この法律の第2条において、いじめは次のように新しく定義されることになった。

> この法律において「いじめ」とは、児童等に対して、当該児童等が在籍する学校に在籍している等当該児童等と一定の人間関係にある他の児童等が行う心理的又は物理的な影響を与える行為（インターネットを通じて行われるものを含む）であって、当該行為の対象となった児童が心身の苦痛を感じているものをいう。

1985年の定義で見られた「身体的・心理的な攻撃」という文言が「心理的又は物理的な影響を与える行為」に変更された理由としては、いじめの態様として「攻撃」には含まれない「無視」や「からかい」があり、また「身体的」な影響だけでなく、物を壊されたり、金品をたかられたり、隠されたり、といった「物理的」な影響が認められるとされたからである（第二東京弁護士会子どもの権利に関する委員会 2015）。

過去の定義では、「①自分よりも弱いものに対して一方的に」と「②身体

的・心理的な攻撃を継続的に加え」が加害者側の行為について述べたもので
あったが、この新定義は「当該行為の対象となった児童が心身の苦痛を感じ
ているもの」という形でいじめを受けた立場に立ったものとなっている。小
西（2014）は、この法律では被害者の観点を重視しており、いじめの実態に
即して、できる限りいじめの範囲が広く取られるようになったと述べている。
また、客観的にいじめと認められることが困難なケースや、教職員や学校が
いじめと認めないケースで、本来ならば支援の対象となるべきいじめを受け
ている児童等が支援の対象から外れてしまうことを防ぐための定義であると
述べている。児童福祉の観点からすれば、この点は評価される点だと考えら
れる。

2）いじめの種類とタイプ

　文部科学省の行ってきた調査をもとに把握された、いじめの分類を表
1-13 に示した。いじめには、心理的ないじめ、身体的ないじめ、物理的な
いじめ、身体的要素を含む心理的ないじめ、そしてパソコン等の通信機器を
使った新しいタイプの心理的ないじめがある。原発避難者に対するいじめで
は、これらが複合的に行われていることは第 1 節で示した事例からも明らか
である。

　次に、藤田（1997）によるいじめの理念系分類を示す（表 1-14）。個別の
事例をみれば、これらのタイプが複合された現象が認められるが、「原発避
難いじめ」はタイプⅡを基礎とした現象だと理解できるであろう。

　もう一点理解しておかなければならないのは、被害者・加害者・観衆・傍
観者・仲裁者といった、いじめをめぐる 5 つの立場である。重要なポイント
は、いじめを囲むこれら 5 つの立場の関係性が現実では入り乱れていること
と、加害者が被害者化し、被害者が加害者化するという地位の可逆性である
（清永ら 2000；森田ら 2001；森田 2010）。

3）「いじめ防止対策推進法」の抱える課題

　「いじめ防止対策推進法」は、いじめをめぐる「未然防止、早期発見、事
案対処」について、学校、学校の設置者、地方公共団体、国等の関係者によ
る抜本的な対策を講じ、いじめから児童生徒の生命および尊厳を守ることを

表1-13 いじめの分類

いじめの種類	いじめの内容
心理的ないじめ	①冷やかしやからかい、悪口や脅し文句、嫌なことを言われる。 ②仲間はずれ、集団による無視をされる。
身体的ないじめ	③軽くぶつかられたり、遊ぶふりをして叩かれたり、蹴られたりする。 ④ひどくぶつかられたり、叩かれたり、蹴られたりする。
物理的ないじめ	⑤金品をたかられる。 ⑥金品を隠されたり、盗まれたり、壊されたり、捨てられたりする。
身体的要素を含む心理的ないじめ	⑦嫌なことや恥ずかしいこと、危険なことをされたり、させられたりする。
新しいタイプの心理的ないじめ	⑧パソコンや携帯電話等で、誹謗中傷や嫌なことをされる。

出所：日本弁護士連合会子どもの権利委員会編（2015）より筆者作成。

表1-14 いじめの理念型分類

いじめのタイプ	いじめの内容
タイプⅠ	集団のモラルが混乱・低下している状況（アノミー的状況）で起こる。
タイプⅡ	何らかの社会的な偏見や差別に根ざすもので、基本的には「異質性」排除の論理で展開する。
タイプⅢ	一定の持続性をもった閉じた集団の中で起こる（いじめの対象になるのは集団の構成員）。
タイプⅣ	特定の個人や集団が何らかの接点をもつ個人にくりかえし暴力を加え、あるいは、恐喝の対象にする。

出所：藤田1997；森口2007

めざした法律である。

　基本理念として、当事者間や教員や学校に責任を押しつけることなく、国や地方公共団体の責務を明らかにすることを謳っている点は評価できる。しかしながら、2013年に発足したばかりの自民党内閣が組織した教育再生実行会議での「いじめの問題等への対応について」という提言が、この法律の基底にあることを見逃してはならない。その提言では「いじめを絶対に許さず、いじめられている子を全力で守る大人の責務」「いじめへの迅速かつ毅然とした対応（いじめの通報、被害者支援、加害者指導等）」といった内容が認

第1章　原発避難いじめの実態と構造的暴力　　35

められる。

　ここには、米国が 1990 年代に学校での銃乱射事件などをきっかけにして採用した「ゼロ・トレランス（zero-tolerance）方式」が読み取れるのである。ゼロ・トレランス方式とは、「不寛容」を是として罰則を細かく定め、違反した場合は厳密に処罰する「厳罰主義」ともいわれる教育方針である。学校が明確な行動規範や罰則規定を定めて生徒と保護者に示し、違反した生徒や保護者に責任をとらせる指導を行う。学校の敷地内、すなわち教育現場に警察の介入を許した制度でもある。

　筆者が問題視しているのは、この法律が、いじめを生み出している社会構造や制度を問題視せずに、いじめ行為を行った、いわゆる加害児童と保護者にすべての責任を負わせてしまう危険性を持っているという点である。加害児童がいじめを行ってしまった背景には、さまざまな社会的要因があり、単に加害者を責めて排除すれば問題が解決すると考えるのは間違いである。

　「いじめ防止対策推進法」の第 23 条「いじめに対する措置」という項目には、「いじめを受けた児童等又は保護者に対する支援及びいじめを行った児童等に対する指導又はその保護者に対する助言を継続的に行うものとする」と記載されている。いじめ被害児童や保護者に対する「支援」が必要なのは議論の余地がないところであるが、いじめ加害児童に対しては「指導」し、その保護者に対しては「助言」を行うと記されている点に着目する必要がある。小西（2014）によれば、民主党などの野党三党案では、いじめ加害児童や保護者に対しても「支援」という文言を使っており、自民党などの与党案では、加害児童および保護者両方に対して「指導」という文言が使われていたという（表 1-15）。この文言に表れている双方の思想の違いは歴然としている。その後の与野党の議論の中で、公立学校等の行政と国民との関係に照らし合わせて、保護者を「指導」するのは問題があるということで、「助言」という用語に置き換えられたようである。

　「いじめ防止対策推進法」の第 26 条「出席停止制度の適切な運用等」という項目に、「市町村の教育委員会は、いじめを行った児童等の保護者に対して学校教育法第 35 条第 1 項の規定に基づき当該児童等の出席停止を命ずる等（以下略）」と記載されており、ここにまさにゼロ・トレランス方式が表現されていると解釈できる。

表1-15　被害者・加害者をめぐる「いじめ防止対策推進法」成立までの議論

	被害者に対する対応	加害者に対する対応	加害者の親に対する対応
与党案（自民党・公明党）	支援	指導	指導
野党三党案（民主党・生活の党・社民党）	支援	支援	支援
実際に可決された法律	支援	指導	助言

　日本弁護士連合会は2013年6月に「いじめ防止対策推進法案に対する意見書」を提出している。そこでは、「法律案は、いじめを受けた児童等の支援や教育を受ける権利等への配慮のみを強調し、いじめを行った児童等に対しては指導・懲戒・警察への通報等を定めているが、いじめを行った児童等についても、支援や教育を受ける権利等への配慮が必要であることが明記されるべきである」と記されている。さらに、この意見書には「法律案は、保護者についても、いじめを受けた児童等の保護者に対しては支援、いじめを行った児童等の保護者に対しては助言、と対峙的な対処を定めているが、いじめを行った児童等の保護者についても、支援が必要なことが明記されるべきである」と記されている。

　これらの日本弁護士連合会の意見は、きわめて重要である。この法律によって、文部科学省は、いじめ加害児童に対する「毅然とした対応」として「出席停止措置」を行えるようにしてしまったが、この方式は加害児童を学校から排除して解決を図ろうとするものと言える。加害者への厳罰を求める人びとからすれば、この日弁連の意見は加害者を擁護しようとしているものだと批判するかもしれない。しかし、いじめの現場では、加害者が被害者化し被害者が加害者化するという地位の可逆性が往々にして認められることが知られており（清永2000）、被害者を守るために加害者を出席停止にするという方法では、いじめ問題を解決することはできないことが明らかである。さらには、いじめ問題に加えて別の問題も引き起こしてしまう可能性もある。なぜならば、米国の調査結果では、高等学校をドロップアウトしてしまった生徒の失業率が高等学校を卒業した者に比べて約2倍となり、生活保護受給率が約2.5倍であることがわかっており、学校からの排除が「将来性のある市民になるのに長期にわたって不利な状態におくことになる」（尾田2000）

のである。学校から排除されてしまった生徒は、その後の教育を受けられる機会を失うことにもつながり、将来的にわたって就職などの面でハンディを背負うことになるため、加害者に対しても被害者と等しく「支援」が必要なのである。

次に示す日本弁護士連合会の柳（2015）のコメントは示唆に富んだものだと考えられる。

　　加害生徒には、ストレス、発達課題、心の問題等を抱えていることが多くみられます。加害生徒側の問題、要因、背景、原因を十分に探り、理解しないままでいると、なんら根本的な解決につながりません。加害生徒が抱える問題を十分に把握しないまま、ただ排除するのでは、かえって加害生徒が抱える問題を深刻化させるおそれもあり、加害生徒が学校に復帰することが困難になることさえあります。

筆者も、これまでに心療内科医として行ってきた臨床活動の中で、不登校になったいじめの被害児童だけでなく、学校から排除された加害児童と関わる機会があった。また、筆者の医療少年院の法務医官としての経験からも、犯罪をおかした未成年には、親の貧困や失業の問題、夫婦や親子関係の問題、学校の教員との関係の問題、地域住環境の治安の問題など、犯罪をおかすという状況に追い込まれた数々の社会的要因があり、さらにその背景には子どもの安全や安心を脅かす社会的環境があり、そして生活水準の格差や教育を受ける機会の不平等などの社会構造の問題が基底にあることを目の当たりにしてきた。筆者はこの柳（2015）が述べているコメントにはきわめて同感であり、いじめを「単に加害・被害という二者関係だけでなく、集団の構造上の問題」として捉えることが重要だと考える。

4）原発避難いじめの構造

第2節で示したように、原発避難者の「子どものいじめ」（表1-7）には、「放射能に関すること」が10.9%、「原発に関すること」が9.1%、「賠償金に関すること」9.1%、「避難者であること」が7.3% 関係していることが明らかになった。さらに、原発避難者の「大人のいじめ」（表1-12）には、「賠

償金に関すること」が82.5％、「避難者であること」が58.8％、「放射能に関すること」が36.8％、「原発に関すること」が26.5％、「住宅に関すること」が21.4％関係していることが明らかになっている。

図1-3　原発避難いじめの構造

このデータはあくまでも原発避難者自身による回答であり、避難者自身が受けた、いわゆる「いじめ」に相当する精神的苦痛が、どのようなことと関係しているかを問うものであったため、客観的なデータとは言えないという批判もあるだろう。しかし、精神的苦痛がどのようなことと関連しているか、という問いを客観的に測定することはできない。「いじめ防止対策推進法」の新しい定義のように、いじめを受けたという主観的体験に着目しなければ、この現象を読み解くことはできないのである。

筆者らが行った調査では、アンケート回答者782件のうち、55件（7.0％）が子どものいじめがあったと回答しており（表1-1）、そして359件（45.9％）が大人自身も心ない言葉をかけられたり精神的な苦痛を感じるようなことをされたりしたと回答しているのである（表1-10）。このように、「子どものいじめ」の背景には、数多くの「大人のいじめ」が存在するのである。また、アンケートの自由記述の分析からは、いじめ現象の背景にある【Ⅱ．潜在的な問題】として、〈無理解〉〈偏見〉〈賠償金のねたみ〉などが存在し、さらにその基底には〈原発事故がいまだに避難者を存在させている〉といった問題が指摘されている。

このような問題の重層構造を整理すると、図1-3のように整理できるだろう。「子どもの原発避難いじめ」の背景には「大人の原発避難いじめ」が存在し、そのもとには「原発・福島に対する無理解・偏見・差別」が存在する。そして、そのような無理解・偏見・差別の基底に、社会の格差・差別・

不平等・不正義を生み出す「構造的暴力」が存在すると考えられるのである。次節では、いじめ現象の根底にある構造的な暴力について考えていきたい。

5 構造的暴力の仕組み

　筆者は、原発事故後に被災者・被害者らが追い込まれている状況の分析から、「構造的暴力 (structural violence)」による不正義・不平等・格差・差別が指摘できるということを述べてきた (辻内 2016b)。

　ヨハン・ガルトゥング (1991) によると、構造的暴力とは、社会の仕組みや構造がもたらす間接的な暴力であり、政治や経済、社会や文化などの構造に組み込まれており、社会における不平等な力関係や、社会的不正義、生活の機会の不平等、経済的格差、差別などとして現れるとされている。暴力を行使する主体が存在する「直接的暴力」や「個人的暴力」と異なり、構造的暴力は目に見えにくい。

　原子力発電所の連続爆発という暴力は、2011 年 3 月 12 日以降の数日の間に少なくとも 16 万人を超える人びとの「生活・人生・環境」を根こそぎ奪った。この 16 万人という数字は福島県が把握している最大の避難者数であり、福島県の住民全員が原発事故の被害者だと考えれば 200 万人になり、さらに福島県を越えて放射性物質による汚染が広がっていることを考えれば数百万人の「生活・人生・環境」を奪ったとも考えられる。

　今回の原発事故は、爆発という一度の暴力にとどまらず、その後の事故処理や政策決定によって作られた社会・経済・政治的システムによる間接的な暴力を次々と生み出していったのである。

1）不合理な避難・帰還区域の設定

　この原発事故後に作られた構造的暴力の一つが、妥当な放射線量基準に基づいていない避難・帰還区域の設定である。原発事故が発生した約 1 ヵ月後の 2011 年 4 月 22 日に出された避難指示区域は 3 つに分けて設定された。1 つ目に、福島第一原発から 20 キロ圏内が「警戒区域」とされ、原則的に立ち入り禁止とする規制措置がとられた。2 つ目として、福島第一原発から 20 キロ以遠で年間被曝線量が 20 ミリシーベルトに達する可能性のある、福島

40　　第 I 部　福島原発事故による被災者の生活問題

第一原発から北西方向に伸びる放射線量の高い区域が「計画的避難区域」として設定され、おおむね1ヵ月をめどに避難することが求められた。3つ目の「緊急時避難準備区域」は、福島第一原発から西から南方向の地域で、20キロ以遠で放射線量は比較的低いものの、今後の原発事故処理過程において、万が一再び緊急事態が発生した場合には、屋内退避や避難が可能な準備をしておくことが求められた区域であった。30キロ圏内に位置していた地域はほとん

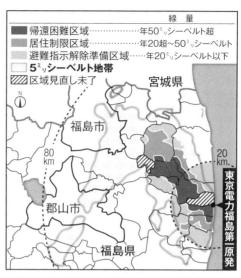

図1-4　なくなった5ミリシーベルト避難指示区域案
※原発避難区域は2013年5月時点。
出所：朝日新聞（2013年5月25日）をもとに作成

どすべて避難区域内に指定されたが、原発から南側に位置するいわき市の一部だけが、大勢の避難者がいるにもかかわらず指示範囲から外されてしまった。

　国際放射線防護委員会（ICRP）は、「緊急時被曝状況」として、年20～100ミリシーベルトの範囲で防護措置をとるように各国に定めている。日本政府は、この2011年に設定した基準を「住民の安心を最優先し、事故直後の1年目から、ICRPの示す年間20～100ミリシーベルトの範囲のうち最も厳しい値に相当する年間20ミリシーベルトを避難指示の基準として採用しました」（経済産業省2013）と誇らしげに述べている。

　2011年12月26日に当時の民主党政権の野田総理大臣によって、事故そのものは収束に至ったとして「事故収束宣言」が発表された。それに伴い、帰還を見据えた避難指示の改定が始まった。2013年5月25日の朝日新聞は、当時の民主党政権内で行われた議論を明らかにしている。

　2011年10月17日に行われた、当時の細野豪志原発担当相、枝野幸男経済産業相、平野達男復興相が、非公式の会合にて、区域再編を協議した。そ

の席で、細野氏が「多くの医者と話をする中でも5ミリシーベルトの上と下で感触が違う」と5ミリ案を主張したという。1986年に発生したチェルノブイリ事故では5ミリシーベルトの基準で住民を移住させたことや、日本では従来から年換算で5.2ミリ超の区域は放射線管理区域に指定されてきたこと、そして原発労働者が5ミリの被曝で白血病の労災認定がされることもあるという情報をもとに、関係閣僚は「5ミリシーベルト辺りで、何らかの基準を設定して区別して取り組めないか検討にチャレンジする」方針で一致したという。

　ところが、その後、藤村修官房長官や川端達夫総務相らが加わった10月28日の会合では、「住民の不安に応えるため20ミリシーベルト以外の線引きを考えると、避難区域の設定や自主避難の扱いに影響を及ぼす」との慎重論が相次いだという。11月4日の会合では「1ミリシーベルトと20ミリシーベルトの間に明確な線を引くことは困難」として、20ミリ案が内定した。朝日新聞（2013年5月25日）は、この会合の出席者の証言として、「20ミリ案は甘く、1ミリ案は県民が全面撤退となるため、5ミリ案を検討したが、避難者が増えるとの議論があり、固まらなかった」「賠償額の増加も見送りの背景にある」「5ミリ案では人口が減り、県がやっていけなくなることに加え、避難者が増えて賠償金が膨らむことへの懸念があった」などを紹介している。12月にはこの20ミリシーベルト案の方針が定められ、その後2012年の自民党政権にも継承された。

　問題なのは、この議論をもとに、避難すべき区域が決められたことではなく、帰還してもよい区域が決められたポイントである。国際放射線防護委員会（ICRP）は、緊急事態が収束して状況が安定した後の復旧時を「現存被ばく状況」として、1〜20ミリシーベルトの範囲で定めるように勧告しているのである。日本政府は「緊急時被ばく状況」では最も安全な20ミリシーベルトを採用したにもかかわらず、避難指示を解除する段階では、緊急事態が収束した後の「現存被ばく状況」における最も危険な上限の20ミリシーベルトを帰還してもよい基準として採用したのである。この論理的不整合は誰がみても明らかであろう。

　このように不合理に設定された避難・帰還区域によって、区域内に指定された地域と、区域外に指定されてしまった地域との大きな「地域の分断」が

引き起こされ、放射線から自身や子どもの身を守るために区域外から避難した人びとが、いわゆる「自主避難者」とみなされるようになったのである。

それだけでなく、区域内に指定された地域もさらに3つのエリアに「分断」された。2012年から2年かけて、地元自治体との折衝により「帰還困難区域」「居住制限区域」「避難指示解除準備区域」という3つの区域への再編が進められたのである。「帰還困難区域」に指定されたのは、最も放射線量が高く2011年末の段階で放射線被曝の年間積算線量が50ミリシーベルトを超えるおそれがあり、さらに5年たっても（2016年になっても）20ミリシーベルトを下回らないおそれのある区域であり、その境界線にはバリケードが築かれ、原則的に立ち入りが禁止とされた。次に「居住制限区域」に指定されたのは、年間積算線量が20ミリシーベルトを超えるおそれがあり、一時帰宅や道路などの復旧のための立ち入りはできるものの、引き続き避難の継続が求められる区域であった。3つ目の「避難指示解除準備区域」は、年間積算線量が20ミリシーベルト以下になることが確実だとされた区域であり、帰還の準備のために住民の区域内への立ち入りが柔軟に認められるようになったのである。この3つの区域は、それぞれ賠償金額が異なり、「避難指示解除準備区域」を1とすると、「居住制限区域」はおおよそ1.5倍、「帰還困難区域」はおおよそ2倍に設定された（文部科学省2013）。賠償金額の多寡により、住民の関係性が壊されたことは想像に難くない。

このような原発事故後に行われた避難・帰還区域の指定と、それに基づく賠償金をめぐる政策決定によって、社会における不平等な力関係や、社会的不正義、生活の機会の不平等、経済的格差、差別が発生し、本稿の主題である「いじめ」を生む構造的暴力が形成されたと考えられるのである。

2）作られた安全・安心神話

原子力発電所の安全神話については、島薗（2013）による『つくられた放射線「安全」論』に詳しく記述されている。「安全説」の科学的知識が、原発推進の権益や政策との関わりで作られてきたという問題である。放射線の健康影響に関する安心神話の詳細については、筆者の前著（辻内2016a）を参照していただきたいが、要点をまとめると以下のようになる。

筆者は、放射線の健康影響に関して世間に流布しているリテラシーを、

「安全説」科学リテラシー、「非安全説」科学リテラシー、人文社会科学リテラシーの３つに分けて整理し、それぞれの主張について論じた。「安全説」科学リテラシーの主張のほとんどが、原子力発電技術を推進しようとする国際的な会議で承認された科学的データをその正当性の根拠としており、現在の日本政府が採用している学説である。「核の平和利用」を基底として作られた国際機関が科学的根拠として使用している過去のデータは不十分なものであり、基礎となる放射線科学は原水爆という核に関する軍事技術と関連しているため、人体の健康影響についてもほとんどが軍事機密とされてきた歴史がある。チェルノブイリ原発事故の影響についても、どのような立場の研究グループが実施したかによって、調査結果に大きな違いが見られており、公開されているデータそのものや、データの解釈には大きく政治性が関与しているのである（辻内 2016a）。

　図1-5 に示したように、このような「作られた安全・安心神話」によっても、「地域の分断」が生み出されていると考えられる。放射能汚染に対して「安全・安心だ」と考えるスタンス、つまり「安全説」科学リテラシーに基づく考えは、福島県内に残って生活をしている人びとにとっては親和性が高く、自分たちが住んでいる土地が安全であると考えたいという心理が推察される。一方、放射能汚染に対して「安全でない」と考えるスタンス、つまり「非安全説」科学リテラシーに基づく考えは、区域外の大勢の人びとが避難している根拠になっている。

　「非安全説」科学リテラシーは、福島県内に残って生活をしている人びとにとってみれば、自分たちの生活圏が危険だと言われていることになり、それにより住民の不安が増強され、福島県産の農産物・海産物が売れなくなる元として脅威となりうる。一方「安全説」科学リテラシーは、さまざまな生活支援を打ち切る根拠とされ、帰還を選択せずに長期避難を継続させようとする人びとの生活を脅かすことにつながる。このような理由で、自主的に避難した人びとだけでなく、避難指示が解除されたにもかかわらず帰還しない人びとに対する反発が生じ、「避難しなかった人びと」と「避難した人びと」それぞれの立場の「対立」が発生してしまったのである。

　ここに図示した現象はあくまでも概念的に整理したものであり、現実はきわめて複雑に混交している。県内と県外とが明確に分けられるわけではなく、

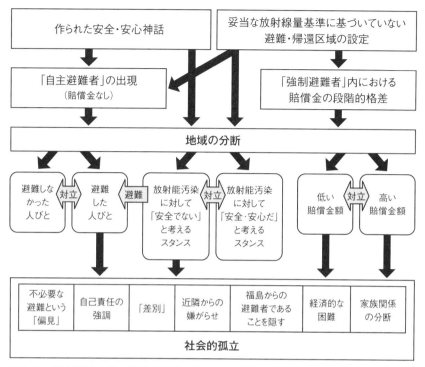

図1-5 福島原発事故の構造的暴力

人びとの間にはこの2つのスタンスの葛藤が存在し、ひとりの中にも「安全説」と「非安全説」が同居していることも多い。この「対立」を避けるために、当事者間で放射能のことを話題にすること自体がタブー視されるような事態も生じている。

この対立は、当事者たちの責任ではない。先に述べたように、「不合理な避難・帰還区域」の政策決定と、そして原発推進派によって作られた根深い「安全・安心神話」という構造的暴力が生んだ対立・分断だと考えられるのである。

3）構造的暴力によって生じた社会的虐待

虐待は、身体的虐待、性的虐待、心理的虐待、ネグレクト、経済的虐待、社会的虐待などに分けられる。「社会的虐待（social abuse）」とは、社会から

棄てられ、無視（ネグレクト）され、孤立させられ、社会的な参加や活動を阻害される状況を意味する（Kassah 2012）。医療・福祉・年金・教育などの公的サービスが受けられないことなども行政的な「放置」であり、社会制度による虐待だと考えられている。さらに広く言えば、誤った社会通念等によって、社会が人びとを差別や貧困や紛争といった劣悪な生活状況に置くことも含む。本稿の主題である子どもや大人に対する「原発避難いじめ」も、社会的虐待の一つだとみなすことが可能である。

　図1-5の下段に示したように、原発事故の被害者のうちでも、「避難した人びと」「放射能汚染に対して「安全でない」と考えるスタンスの人びと」は、社会的孤立に追い込まれやすい。

　このような原発事故避難者を支援するための「子ども・被災者支援法」（東京電力原子力事故により被災した子どもをはじめとする住民等の生活を守り支えるための被災者の生活支援等に関する施策の推進に関する法律）が2012年6月に党派を超えて議員立法で成立したが、その条文には重要なことが書かれているので一部だけ抜粋しておきたい。

　第二条（基本理念）
　2. 被災者生活支援等施策は、被災者一人一人が第八条第一項の支援
　　対象地域における居住、他の地域への移動及び移動前の地域への帰還
　　についての選択を自らの意思によって行うことができるよう、被災者
　　がそのいずれを選択した場合であっても適切に支援するものでなけれ
　　ばならない。
　4. 被災者生活支援施策を講ずるに当たっては、被災者に対するいわ
　　れなき差別が生ずることのないよう、適切な配慮がなされなければな
　　らない。
　第三条（国の責務）
　　国は、原子力災害から国民の生命、身体及び財産を保護すべき責任
　　並びにこれまでに原子力政策を推進してきたことに伴う社会的な責任
　　を負っていることに鑑み、前条の基本理念にのっとり、被災者生活支
　　援等施策を総合的に策定し、及び実施する責務を有する。

ここには、原子力政策を推進してきた国の責務を明確にするとともに、避難を選択した人も避難を選択しなかった人も、等しく支援すると断言されている。そして、本稿の主題である「いわれなき差別」が生じることのないように配慮すべきだと書かれている。

　しかしながら、「子ども・被災者支援法」は2015年の改定によって、避難区域外の人びとは「新たに避難する状況にはない」と切って捨てられることになったのである。このような法律の改悪によって、人びとが抱いていた「不必要な避難という偏見」を助長しただけでなく、避難したのは「自己責任」であるという論調が強まることになり、ますます「差別」や、「近隣からの嫌がらせ」が増幅されることになったと考えられる。子どものいじめに関する節でも述べたように、差別やいじめによって「福島からの避難者であることを隠す」ようになって生活することは、平等な社会参加や社会活動が阻害されている状況であり、きわめて深刻な「社会的虐待」状況である。

　区域外避難者には賠償金の支払いがなく、「経済的な困窮」を招いていることは、筆者の前著（辻内2016a）でも詳しく述べた。一方、区域内からの強制避難者は賠償金をもらっているために、経済的に困難な状況に陥ることはないという印象を持たれがちであるが、そうではない。強制避難者であっても、2011年4月当初に指定された「緊急時避難準備区域」は、原発事故が起こってわずか半年の2011年9月30日に避難指示が解除された。南相馬市の約3分の1、田村市の約3分の1、川内村の約3分の2、楢葉町の約4分の1、そして広野町全域がこの時期に同時に解除され、その約1年後の2012年8月30日に賠償がすべて打ち切られた。筆者の聞き取り調査でわかったことであるが、賠償金が振り込まれないことに気づいて初めて賠償が打ち切られたことを知った住民が大勢いたとのことである（辻内2018）。

　2012年から2013年にかけての避難指示区域の再編によって「避難指示解除準備区域」と指定された地域も、2014年度以降次々と避難指示が解除されていった。2014年4月1日に田村市、2014年10月1日に川内村の一部、2015年9月5日に楢葉町全域の避難指示がそれぞれ解除され、その1年後には賠償金が打ち切られている。さらに「復興の加速化」の名のもと、驚くべきことに「避難指示解除準備区域」だけでなく「居住制限区域」までも避難指示を解除する方針になった。2017年3月31日には浪江町の一部、飯舘

村の大半、川俣町山木屋地区が、そして4月1日には富岡町の一部が解除された。避難指示が解除されると、その1年後には賠償が打ち切りとなる。

　実際に今回の調査でも、すでに賠償が打ち切りになり、賠償金をもらっていないにもかかわらず、「（クラスメイトが）避難者で賠償金をもらって贅沢していると言いふらしてまわっている」（小学校1〜2年時のいじめ、南相馬市から福島県相馬市へ避難）と言われたり、「賠償金をいっぱいもらっているんだから、おごれ」（中学校3年間と現在も続くいじめ、南相馬市から栃木県に避難）と言われたりしている。逆に、避難者であるならば賠償金をもらえばいいというような意味で「震災で何も持たずに逃げた貧乏人、東電からお金もらえ」（小学校5年生から5年間続いたいじめ、南相馬市から神奈川県に避難）などといった言葉の暴力を受けていることが明らかになっている。

6　原発いじめに対する文部科学省の調査

　2016年12月16日付で、文部科学省初等中等教育局長通知「東日本大震災により被災した児童生徒を受け入れる学校の対応について」が出された。この通知に基づき、福島県から避難している児童生徒に対するいじめ状況の調査が行われた。この調査結果として、2017年4月11日付けで文部科学省初等中等教育局児童生徒課生徒指導室より「原子力発電所事故等により福島県から避難している児童生徒に対するいじめの状況等の確認に係るフォローアップ結果について」という報告書が出されているのでここで検証してみたい。

　この調査の対象は、小学校、中学校、高等学校、義務教育学校、中等教育学校、そして特別支援学校であり、2016年12月以降に、各学校等が把握した事案と、行われた対応について文部科学省がフォローアップしたものである。文部科学省が確認している、福島県から震災前の居住地とは別の学校で受け入れた児童生徒数は1万1828人（2016年5月1日現在）である。2015年度以前の、すなわち過去におけるいじめの認知件数は70件であり、そのうち「東日本大震災または原子力発電所事故に起因又は関連するもの」が9件と報告されている。調査が行われた2016年12月時点で、この70件のほかに、「中学校・高等学校を卒業している者が過去に受けたいじめの事案」が

5件、「事実関係を調査中であるもの」が4件、「調査を行ったものの被害児童生徒が特定できなかったもの」が3件となっている。以上のような過去のいじめではなく、2016年度内に認められたいじめの認知件数は129件であり、そのうち「東日本大震災や原子力発電所事故に起因又は関連しているもの」が4件と報告されている。

　文部科学省は、このいじめ129件を全避難児童生徒数1万1828人で割った数値として、「福島県から避難している児童生徒1000人当たりのいじめの認知件数」を10.9件と算出し、2015年度の全国のいじめ調査における結果1000人当たりのいじめの認知件数16.5件と併記している。この記述は、福島から避難している児童生徒がいじめを受けている割合は、全国のいじめの割合よりも多くないことを示そうとしていると読めるだろう。マスコミによって、原発避難いじめが多いように思われているが、一般のいじめと比較してそれほど多くはないと主張したいのだろうか。

　筆者らの調査は、福島県南相馬市の全世帯と、関東1都6県において避難生活を送る福島県双葉町・富岡町・大熊町・いわき市住民のすべての世帯、合計1万275世帯に質問紙を配布している。子どものいじめの件数は回答782件のうち55件（7.0％）であったが、いじめに関する調査票②の回答率は8.2％と少ないこともあり、いじめの発生率という観点で文部科学省のデータと比較することはできない。筆者らの調査が避難者世帯を対象とした自己申告によるものであり、いじめについて関心を持っている世帯が回答しているバイアスがかかっている可能性はあるだろう。

　文部科学省のデータはどうであろうか。震災や原発と関連があるいじめと認められたものが、2015年度以前にあったいじめ70件のうち9件（12.9％）であり、2016年度のいじめ129件のうち4件（3.1％）であった。これらのいじめの概要が掲載されているので紹介したい。

　　「仲の良い友人からの言葉によるふざけがあった。加害児童への指導とともに双方の保護者に対する説明を行い、現在は、双方仲良く学校生活を送っている。学校では、注意深い見守りとケアを継続している」
　　「友人と震災に関わる話題になり、嫌な思いをした。加害児童への

指導と被害児童へのケアを行い、通常の学校生活を送っている。学校
では、注意深い見守りとケアを継続している」

「震災にかかわる悪口を1回言われた。近くにいた友達が加害者に
対して注意をしてくれた。その後は同じようなことは起こっていない。
学校は、被害生徒及び保護者に対して継続的な支援を行っており、被
害生徒は現在も毎日元気に登校し、生活している」

「同学年の男子数人がからかいで「福島原発」と他の生徒に発言す
る。その発言を本人が聞き、発言した生徒らに対し、そのようなこと
を言わないでと告げる。本人はその発言を聞いて嫌な思いをした。学
校は保護者に事案を報告し、加害生徒への指導を実施。被害生徒には
寄り添った対応を繰り返し実施し、平常通り学校生活を過している」

　以上が、2016年度中に発生した4件の「原発避難いじめ」である。筆者
らの調査ではきわめて深刻ないじめの実態が語られていたが、この文部科学
省の報告事例の概要を読んだ読者には、それほど重大ではないいじめだと受
け取られてしまうだろう。この4例をみる限り、「被害者への支援と加害者
への指導」といった学校の対応がうまくいった事例ばかりが報告されている。
たしかに、報告書には「各学校等における確認当時には児童生徒からのいじ
めの訴えがなかった事案、確認時以降に発生した事案」が含まれていないた
め、「全てのいじめの状況が網羅されているとは限りません」と補足されて
いるように、文部科学省の調査には「原発避難いじめ」の実態が表れている
とは言いがたい。

　2015年以前に発生したいじめ9件のうち、1件だけ重大事態として対処さ
れた事例が掲載されている。

　　　「小学校の在学時に物を壊される、叩かれる、遊興費を要求される
　　　などのいじめによって不登校となり、重大事態として対処した。現在
　　　は、被害生徒をケアし、不登校児童生徒のための施設に通うことがで
　　　きるようになっている」

　これは公立中学校の事例であり、「いじめの行為や類型」として「金品を

50　　　第Ⅰ部　福島原発事故による被災者の生活問題

たかられる。軽くぶつかられたり、遊ぶふりをしてたたかれたり、蹴られたりする等」と記載されている。そして、「学校等の対応」として「事案発生当時、いじめ防止対策推進法等に則った速やかな対応がとられていなかった」と書かれている。この生徒は、当該学校をやめて不登校児童生徒のための施設に通うことになってしまっており、おそらく、この概要に表現されている「軽く」という形容詞からは想像できないほどの精神的な苦痛を被ったのではないだろうか。

　これらのデータは、各学校に調査をさせて、文部科学省に報告させた結果である。2013年9月に施行された「いじめ防止対策基本法」にのっとった対応が学校に求められている中での、学校からの報告である。そこには、被害を大きく見せたくないバイアスがかかっている可能性がある。筆者らの調査では、担任の教師からのいじめが4件、担任以外の教師からのいじめが5件報告されており、このような教師によるいじめは学校から文部科学省への報告に載ることがないだろう。また、筆者らの調査では、いじめを受けたときに学校側へ伝えていないケースが55件中19件（34.5％）あり（表1-8）、約3分の1が学校にいじめを伝えていない。つまり、学校が把握できていないいじめが数多く存在するということである。いじめを伝えたときの学校の対応（表1-9）も、「あまり対応してくれなかった」が7件（12.7％）、「まったく対応してくれなかった」が8件（14.5％）あり、親が学校に伝えたとしても、その約3分の1が学校にはいじめとして認知されていなかったのである。

　文部科学省の調査からは、「原発避難いじめ」が「それほどたいした問題ではない」という印象で受け取られてしまう危険性がある。筆者らの調査結果が示しているように、「原発避難いじめ」は学校内にとどまらず、学校以外の近隣の人びとからの被害も確認されており、地域にも拡大している。さらに、子どものいじめだけでなく、その親も父母会やPTAなどで「原発避難に関することで、心ない言葉をかけられたり、精神的に苦痛を感じることをされたりしたこと」があり、いわば「大人のいじめ」が社会にひろく広がっているのである。「放射能・原発・賠償金」といったことに対する無理解や偏見が蔓延しており、避難者は不合理な「差別」に苦しんでいるのである。

　なぜ原発事故が起きたのか。原発事故の責任は誰にあるのか。なぜ事故処

理や放射能汚染が解決していないにもかかわらず、地元への帰還が推し進められているのか。なぜ賠償金が支払われているのか。なぜ賠償金が支払われない人びとがいるのか。なぜ賠償金が打ち切られようとしているのか。なぜ賠償金に国民の税金が間接的に投入される仕組みができているのか。なぜ事故処理や廃炉費用が電気料金に上乗せされるのか。なぜ避難の継続が認められないのか。なぜ避難者への住宅支援が打ち切られるのか。なぜ原発事故による健康障害が認められないのか。なぜ原発避難者へのいじめが起きるのか。

　私たちは、このような問題が発生している原因と理由を知らなければならない。無理解（理解しないこと）や偏見（誤った理解）をなくすために、この原発事故の根底にある社会構造の問題を見抜かなければならない。

おわりに

　原発事故は、第二次世界大戦後の日本における最大の人為災害であり、公害である。何十年も続くであろう放射性物質による汚染をもたらし、全国各地に離散する最大16万人もの避難者を生み出した。放射性物質の飛散によって「故郷の大地」という「環境と歴史」が奪われただけでなく、一人ひとりの「生活や人生」までもが奪われた。避難区域や帰還区域の不合理な設定に始まり、賠償の格差や不平等な支援など、事故後の政策的な不作為によって、次々と新たな被害が生み出されている。2020年の東京オリンピック開催に向けて、住民の意向を無視した悪しき「復興の加速化」が進められ、原発事故はすでに解決した出来事のようにされつつある。

　筆者は、内科・心療内科の医師、そして医療人類学を専攻する研究者として、被災者の身体・心理・社会的健康をめざした支援と調査研究を継続させてきた。また、民間支援団体「震災支援ネットワーク埼玉（SSN）」のメンバーとして、埼玉県における避難者支援の企画運営に携わり、①被災者の生活実態の総合的把握、②今後の支援のあり方の検討、③行政への提言、の3つを目標にした大規模アンケート調査を毎年行ってきた。そして、早稲田大学災害復興医療人類学研究所（旧：早稲田大学「震災と人間科学プロジェクト」）の研究者たちとともに、日本放送協会（NHK）からの依頼を受け、「NHKスペシャル」（2013、2015）、「クローズアップ現代」（2015、2017）、「ハートネッ

ト TV」(2015) 等の番組制作に伴う大規模調査を実施してきた。

これらの調査から見えてきたことは、原発事故災害は東日本大震災に伴う自然災害の一部ではなく、独立した「人為災害」だということである。「事故責任の不透明さや、事故解決の遅れ、そして不十分な救済」といった要因が高い精神的ストレスを持続させている可能性がある（辻内ら 2016；Tsujiuchi et al. 2016）。これまでの研究結果をまとめると、高いストレス状況に影響を及ぼしている各種要因の解析により、身体的要因として「持病の悪化、災害後の新たな疾患への罹患」、心理的要因として「原発事故によって味わった死の恐怖、ふるさとの喪失、避難先での嫌な経験」、経済的要因として「仕事の喪失、生活費の心配」、社会的要因として「近隣関係の希薄化、賠償問題の心配、地元の不動産の心配、相談者の不在、家族関係の悪化、住環境の悪化」などといった、身体・心理・経済・社会的要因が複合的に関与していることが明らかになった（辻内 2015；山口ら 2016；辻内ら 2016；Tsujiuchi et al. 2016）。

原発事故から身を守るために避難したにもかかわらず、元に住んでいた住所が避難指示区域に指定されなかった、いわゆる「自主避難者」と呼ばれる「区域外避難者」の問題も深刻である。「避難する必要がないのに勝手に避難した人たち」「放射能汚染に過剰な恐怖や不安を感じている人たち」といったイメージを持たれることが多いが、筆者は大規模調査のデータをもとにそれらのイメージは間違いであり「避難に正当性がある」ことを明らかにした。詳細については拙著（辻内 2016a；2018）を参照していただきたい。

本稿では、2017 年 1 月より 2 月にかけて震災支援ネットワーク埼玉（SSN）と、NHK 報道局社会部・NHK クローズアップ現代プラス番組制作班との共同で行ったアンケート調査の結果をもとに、「原発避難いじめ」の実態を明らかにした。「子どもの原発避難いじめ」の背景には「大人の原発避難いじめ」が存在し、そのもとには「原発・福島に対する無理解・偏見・差別」が存在する。そして、そのような無理解・偏見・差別の基底に、社会の格差・差別・不平等・不正義を生み出す「構造的暴力」が存在すると考えられた。原発事故をめぐる構造的暴力として、「妥当な放射線量基準に基づいていない避難・帰還区域の設定」と「作られた安全・安心神話」があげられ、それによって社会的虐待が生じていると考えられたのである。

重要な点は、われわれが今後どのような社会を作っていくか、ということである。「原発避難いじめ」の問題によって、われわれの社会の根底にある社会構造の問題が顕在化されたと言えるだろう。社会における不平等な力関係や社会的不正義、生活の機会の不平等や経済的格差と差別、このような問題を生産し続ける社会を私たちがつくっているのである。私たちは、構造的暴力を内在させた、政治と経済の仕組みを根底から見直さなければならない。構造的暴力を再生産させている、社会や文化の仕組みを根底から見直さなければならないのである。

◆謝辞

厳しい避難生活の最中にアンケートにご回答いただきました多くの被災者の方々に感謝申し上げます。また、本調査を共同で行わせていただきましたNHK報道局・社会番組部の皆様、そしてアンケート項目作成にご協力いただきました被災当事者の方々や支援者の方々、特に震災支援ネットワーク埼玉（SSN）において支援活動を行っている弁護士・司法書士・臨床心理士・社会福祉士の方々との協働に感謝いたします。

本研究は、早稲田大学特定課題A（2013）研究助成費「災害支援の人類学」（辻内琢也）、日本学術振興会科研費補助金・基盤C（2013～2015）「原発事故広域避難者のストレスに対する研究」（代表：辻内琢也）、基盤C（2016～2019）「原発事故被災者の震災関連死・震災関連自殺に対する社会的ケアの確立」（代表：辻内琢也）、基盤B（2016～2019）「東北大震災放射能・津波被災者の居住福祉補償とコミュニティ形成 —— 法学・医学の対話」（代表：吉田邦彦）、早稲田大学人間総合研究センター・一般研究プロジェクト（2016～2018）「復興の人間科学 —— 避難から移住へ、新たなコミュニティ形成に向けたレジリエンスの活性化」（代表：辻内琢也）、基盤B（2015～2018）「福島原発事故により長期的な避難生活をおくる子どもの福祉・教育課題への学際的研究」（代表：戸田典樹）の助成を得て行われました。

本稿は、『科学』88（3）（岩波書店、2018）の拙著論文をもとに大幅に加筆したものである。

共同研究者

NHK：白河真梨奈（報道局社会部）、酒井有華子（社会番組部）

早稲田大学人間科学部・大学院人間科学研究科・人間科学学術院・災害復興医療人
　　類学研究所：山本悠未、田端伸梧、岩垣穂大、福田千加子、赤野大和、石川則
　　子、持田隆平、滝澤柚、安蘇谷里美、市川勇、中澤拓、中野健斗、菊川顕弘、増
　　田和高、桂川泰典、桂川秀嗣、多賀努、小島隆矢、扇原淳、根ヶ山光一、熊野宏
　　昭、菊地靖

震災支援ネットワーク埼玉（SSN）：猪股正、北村浩、中川博之、愛甲裕、ほか

参考文献

朝日新聞「福島の帰還基準、避難者増を恐れて強化せず　民主政権時」2013 年 5 月
　　25 日付

尾田清貴（2000）「アメリカのイジメ」清永賢二編／尾田清貴ほか『イジメブックス
　　イジメの総合的研究 6　世界のイジメ』信山社、pp.16-42

ガルトゥング、ヨハン（1991）『構造的暴力と平和』高柳先男・塩屋保・酒井由美子
　　訳、中央大学出版部

清永賢二編／尾田清貴ほか（2000）『イジメブックス　イジメの総合的研究 6　世界の
　　イジメ』信山社

経済産業省（2013）「年間 20 ミリシーベルトの基準について（平成 25 年 3 月）」経済産
　　業省 2013 年 3 月 8 日 http://www.meti.go.jp/earthquake/nuclear/pdf/130314_01a.pdf

小西洋之（2014）『いじめ防止対策推進法の解説と具体策 ── 法律で何が変わり、教
　　育現場は何をしなければならないのか』WAVE 出版

島薗進（2013）『つくられた放射線「安全」論 ── 科学が道を踏みはずすとき』河出
　　書房新社

スミス、ピーター・K（2016）『学校におけるいじめ ── 国際的に見たその特徴と取
　　組への戦略』森田洋司・山下一夫総監修／葛西真記子・金綱知征監訳、学事出版

第二東京弁護士会子どもの権利に関する委員会（2015）『どう使う　どう活かす　いじ
　　め防止対策推進法』現代人文社

辻内琢也（2015）「原発事故被災者の精神的ストレスに影響を与える社会的要因 ──
　　失業・生活費の心配・賠償の問題への「社会的ケア」の必要性」早稲田大学・震

災復興研究論集編集委員会編／鎌田薫監修『震災後に考える —— 東日本大震災と
　　向き合う 92 の分析と提言』早稲田大学出版部、pp.244-256

辻内琢也（2016a）「大規模調査からみる自主避難者の特徴 ——「過剰な不安」ではな
　　く「正当な心配」である」戸田典樹編『福島原発事故　漂流する自主避難者たち
　　—— 実態調査からみた課題と社会的支援のあり方』明石書店、pp.27-64

辻内琢也（2016b）「原発事故がもたらした精神的被害 —— 構造的暴力による社会的虐
　　待」『科学』86 巻 3 号、岩波書店、pp.246-251

辻内琢也・小牧久見子・岩垣穂大ほか（2016）「福島県内仮設住宅居住者にみられる
　　高い心的外傷後ストレス症状 —— 原子力発電所事故がもたらした身体・心理・社
　　会的影響」『心身医学』56 巻 7 号、pp.723-736

辻内琢也・増田和高（2018）『フクシマの医療人類学 —— 原発事故・支援のフィールド
　　ワーク』遠見書房

日本弁護士連合会（2013）「「いじめ防止対策推進法案」に対する意見書」2013 年 6 月
　　20日 https://www.nichibenren.or.jp/activity/document/opinion/year/2013/130620.
　　html

日本弁護士連合会子どもの権利委員会（2015）『子どものいじめ問題ハンドブック
　　—— 発見・対応から予防まで』明石書店

藤田英典（1997）『教育改革 —— 共生時代の学校づくり』岩波新書

森口朗（2007）『いじめの構造』新潮新書

森田洋司監修／添田春雄ほか（2001）『いじめの国際比較研究 —— 日本・イギリス・
　　オランダ・ノルウェーの調査分析』金子書房

森田洋司（2010）『いじめとは何か —— 教室の問題、社会の問題』中公新書

文部科学省（2013）「原子力損害賠償紛争審査会（第 39 回）配付資料、（書 39）
　　参考 2　原子力損害賠償の世帯当たり賠償額の試算について」http://www.
　　mext.go.jp/b_menu/shingi/chousa/kaihatu/016/shiryo/__icsFiles/afieldfi
　　le/2013/12/26/1342848_3_1.pdf

文部科学省初等中等教育局児童生徒課生徒指導室（2017）「原子力発電所事故等によ
　　り福島県から避難している児童生徒に対するいじめの状況等の確認に係るフォ
　　ローアップ結果について（平成 29 年 4 月 11 日現在）」文部科学省 2017 年 4 月 11
　　日 http://www.mext.go.jp/b_menu/houdou/29/04/1384374.htm

山口摩弥・辻内琢也・増田和高ほか（2016）「東日本大震災に伴う原発事故による県

外避難者のストレス反応に及ぼす社会的要因 —— 縦断的アンケート調査から」
『心身医学』56 巻 8 号、pp.819-832

柳優香 (2015)「〈コラム〉加害生徒に対する出席停止措置」日本弁護士連合会子ども
の権利委員会『子どものいじめ問題ハンドブック —— 発見・対応から予防まで』
明石書店、pp.113-115

Kassah, Alexander K., Kassah, Bente L.L., and Agbota, Tete, K. (2012) Abuse of
disabled children in Ghana. *Disability & Society*, 27 (5), pp.689-701.

Tsujiuchi, Takuya, Yamaguchi, Maya, Masuda, Kazutaka et al. (2016) High
prevalence of post-traumatic stress symptoms in relation to social factors in
affected population one year after the Fukushima nuclear disaster. *PLoS ONE*,
11 (3), e0151807. doi:10.1371/journal.pone.0151807.

本研究に関連したテレビ番組

NHK スペシャル（総合）「3.11 あの日から 2 年、福島のいまを知っていますか —— 西
田敏行が見つめる福島のいま」2013 年 3 月 9 日放映

NHK スペシャル（総合）「Fukushima：Two Years Later」(NHK World) 2013 年 4
月 20 日放映（国際編集版）

NHK スペシャル（総合）「シリーズ東日本大震災　震災 4 年　被災者 1 万人の声 ——
復興はどこまで進んだのか」2015 年 3 月 8 日放映

NHK クローズアップ現代（総合）(No.3629)「"帰りたい… 帰れない…" —— 福島の
避難者　それぞれの選択」2015 年 3 月 11 日放映

NHK ハートネット TV（E テレ）「原発事故・避難者アンケート —— 何が福島の人々
を苦しめているのか」2015 年 5 月 27 日放映

NHK クローズアップ現代＋（総合）(No.3947)「震災 6 年 埋もれていた子どもたちの
声 —— "原発避難いじめ" の実態」2017 年 3 月 8 日放映

> 第2章

楢葉町に見る自治体職員の生活実態と新たな課題
帰還できる町・楢葉町

渡部朋宏

はじめに

　2015年9月5日に町内全域の避難指示が解除され、2017年春を「帰町の時期」と表明した楢葉町において、松本幸英町長が「帰町しない職員は昇格・昇給をさせない。交通費も出さない」旨の発言をした[1]。その理由として、「環境がある程度整い、帰町目標を掲げた」「2016年11月の地震の際、職員がすぐに集まれなかった」「町民から職員が戻っていないとの声がある」などと説明し、「守るべき責任の重さがある。やり過ぎとの声はあろうと思うが、基本的考え方として行政執行に当たっている」と強調した。この発言に対し、職員からは「いずれ町に戻るが、今は家庭的に難しい」「帰町しなければ職員にふさわしくないと思われたら、つらい」などの声が聞かれた。自治労福島県本部は「職員が町内に居住していないことが公共の福祉に反しているとは言えず、居住の自由は認められる。居住地を人事の評価対象にするのは問題がある」と指摘した[2]。この町長の発言については、自治労県本部が指摘するとおり「町長に職員の居住地を決める権限はない」とする一方で、「町職員は町のために働くのだから町に住むのが当たり前」といった町民の声も聞かれた。

　原発事故発生からの避難の過程では、国や県から支援が期待できないな

---

1) 2016年11月の庁議と2017年2月の私的新年会で発言し、その発言の趣旨を、2017年3月議会において松本清恵議員が一般質問で明らかにした。
2) 河北新報オンラインニュース2017年3月7日。

か、基礎自治体が自らの判断で避難先を決定し、地域住民の避難を最優先に行動した。その中心的な役割を果たしたのは自治体職員であった[3]。本章では、これまでほとんど取り上げられることのなかった自治体職員に焦点を当て、楢葉町職員等に対するヒアリング調査[4]から、復興に向けた取り組みの最前線で活躍する職員の実態と苦悩を明らかにする。そこからは、家族よりも職務を優先して行動し自治体職員としてその使命を果たそうとする一方で、原発事故避難者でもある職員が、避難生活の長期化に伴い、さまざまな自己矛盾を抱えながら業務に没頭する姿が浮かび上がる。

1 原発事故発生からの避難経過

原発事故の発生直後、楢葉町は独自の判断で、避難先として同じ福島県内の会津美里町を選択し、両町の連携により迅速な避難対応を行った。「全町民が会津へ避難」とのかけ声のもと、楢葉町災害対策本部を会津美里町へ移転するとともに、会津美里町内に宮里仮設住宅を建設した。しかしながら、楢葉町に近いいわき市での生活を望む町民が予想以上に多く、災害対策本部をいわき市に再移転するとともに、いわき市にも仮設住宅を建設し、役場機能としていわき出張所と会津美里出張所を設置することになる。

まず、楢葉町における原発事故からの避難経過について時系列で整理する[5]。

2011年3月11日午後2時46分に東日本大震災が発生し、その3分後には大津波警報が発令された。楢葉町では午後3時に災害対策本部を設置し、沿岸の行政区に対して避難指示を行った。警報発令から約10分後には津波が到達したが、第一波はそれほど大きな津波ではなく、その後の第二波、第三波と進むにつれしだいに規模が大きくなった。実際にきた津波は、高さ

---

3) 福島原発事故からの避難における基礎自治体の対応については、今井照・自治体政策研究会編著（2016）『福島インサイドストーリー 役場職員が見た原発避難と震災復興』公人の友社、参照。
4) ヒアリング調査は、①2016年5月31日、楢葉町役場会津美里出張所において楢葉町会津美里出張所職員、元楢葉町職員など計5名に対して、②2017年9月26日、楢葉町まなび館において幹部職員、課長補佐および震災年に採用された職員の計3名に対して実施した。
5) 避難経過については、筆者による調査のほか、一部、楢葉町（2014）『楢葉町災害記録誌［第1編］』を参考にした。

約15メートル級のもので、予想をはるかに超えるものであった。避難指示の対象となった沿岸の行政区では、普段から津波災害の避難ワークショップや訓練を行っていたこともあり概ね迅速な避難が行われたが、避難誘導にあたった消防団員を含む13名の尊い命が津波によって奪われた。

　午後4時頃には一次避難所への避難が完了していたが、一次避難所となっている地区集会所等の耐震上の問題からさらなる高台への避難誘導へ切り替え、楢葉町所有のバスや自家用車により二次避難所への移動を行った。午後8時30分の段階で災害対策本部が把握していた避難者数は合計1442名となった。

　午後9時23分には福島第一原発から半径3キロ圏内に避難指示が出された。

　翌3月12日には、避難指示区域が福島第一原発から10キロ圏内に拡大された。当初3キロだった避難指示区域が、次々と拡大されていく。そして、避難指示の拡大とともに「直ちに健康には影響はない」という政府の説明により、政府に対する信頼感が次々に崩壊していくことになる。

　午前7時に災害対策本部を開催し、今のところ楢葉町に対する避難指示は出ていないが、風向きによっては放射性物質の拡散がどのように変化するかが予想できないことや、今後の避難状況によっては道路の混雑も考えられることから、まずはいわき市に対して避難者受け入れの要請を行うことを確認した。いわき市への避難を要請した背景には、1998年に楢葉町を含む双葉地方町村といわき市との間で「災害時における相互応援協定」が締結されていた経緯があった。

　午前7時45分、これまでの第一原発に対する避難指示とともに、第二原発に対する避難指示が出された。

　午前8時に楢葉町としていわき市への全町避難を決断した。防災無線と広報車により、避難を呼びかけた。消防にも協力を依頼し、避難の呼びかけを行った。子どもと高齢者を最優先に町所有のバスや民間のバスによりピストン輸送を行うとともに、自家用車で移動できる方はいわき市の避難所へ避難するよう呼びかけた。いわき市への避難は、午後4時には避難が完了したが、ほぼ避難が完了した後に国で準備した大型バスが届くということも起きていた。

　午後3時36分には第一原発1号機の水素爆発が起こった。その後、いわき

市中央台南小学校に災害対策本部を設置した。

3月13日には、楢葉町から会津美里町へ災害時相互応援協定に基づく支援物資の協力依頼が行われた。

3月14日午前9時45分に災害対策本部を開催し、姉妹都市であり災害協定を締結している会津美里町への避難を決定した。

3月15日には楢葉町議会議長と教育総務課長が会津美里町役場に出向き、災害協定に基づく支援の内容につ

楢葉町を襲った大津波（上／楢葉町提供）と現在の復興の様子（下）

いて協議するとともに、避難者の受け入れを正式に依頼した。災害対策本部のかけ声は「全町民が会津へ避難」だった。会津美里町でも受諾し、翌日からの受け入れを行うこととし、避難所の開設準備に取りかかった。また、その日の朝、いわき市内の避難所へ避難している町民に対して安定ヨウ素剤が配布された。この決定は、全町避難と同様、楢葉町独自の判断であったが、その後、安定ヨウ素剤の服用指示が出されることはなかった。

3月16日から会津美里町への避難が開始し、4月3日まで合計7回、約1000名の方が避難した。この避難にあたり、子どもと高齢者を最優先に暖房施設のある施設に入れるなど、避難者の状況に応じた避難を行った。一方で、会津美里町へは避難せず、「地元に近い方がいい」「いわき市の職場に通うためにとどまりたい」「知らない土地になんか行きたくねぇ」「子どもたちの学校はどうなるのか」などの理由でいわき市での生活を希望する町民も少なくなかった。

表 2-1　楢葉町を中心とした主な避難経過

2011.3.11	19:03	福島第一原発　原子力緊急事態宣言発令
	21:23	福島第一原発から半径 3 キロ圏内に避難指示
		福島第一原発から半径 10 キロ圏内に屋内退避指示
2011.3.12	5:44	福島第一原発から半径 10 キロ圏内に避難指示
	7:45	福島第二原発　原子力緊急事態宣言発令
		福島第二原発から半径 3 キロ圏内に避難指示
		福島第二原発から半径 10 キロ圏内に屋内退避指示
	17:39	福島第二原発から半径 10 キロ圏内に避難指示
	18:25	福島第一原発から半径 20 キロ圏内に避難指示
2011.3.15	11:00	福島第一原発から半径 20 ～ 30 キロ圏内に屋内退避指示
2011.4.22	0:00	福島第一原発から半径 20 キロ圏内を警戒区域に設定 （警戒区域・計画的避難区域・緊急時避難準備区域に再編）
2011.9.30	18:11	緊急時避難準備区域が解除
2012.4.1～	－	警戒区域、計画的避難区域を年間積算線量の状況に応じて、順次、避難指示解除準備区域、居住制限区域、帰還困難区域に再編
2012.8.10	0:00	楢葉町の警戒区域解除（避難指示解除準備区域に再編）
2014.5.29	－	楢葉町「帰町の判断」表明［2017 年春帰町］
2015.9.5	0:00	楢葉町全域における避難指示が解除

筆者作成

　3 月 25 日には、会津美里町役場本郷庁舎に災害対策本部を設置するとともに、翌 26 日には楢葉町役場会津美里出張所を設置した。災害対策本部の移転に伴い、97 人の正職員中 71 人が会津美里町へ移動し、26 人の職員がいわき市に残ることになった。会津美里町へ移動した避難者は最終的に1195 名となる一方で、いわき市には 4000 名を超える楢葉町民が残っていた。4000 名を超える町民に 24 時間態勢で対応する職員の職務は過酷を極めた。

　4 月 3 日からは、福島県で準備したホテル・旅館等への避難が始まった。

　4 月 22 日に第一原発から 20 キロ圏内が警戒区域に設定され、強制的に立ち入りが禁止された。

　4 月 25 日に楢葉町役場会津美里出張所において、18 日から発行されていた住民票と罹災証明に続き、戸籍の発行業務等を再開するとともに、4 月 26 日にいわき明星大学大学会館にいわき出張所を開設した。

　6 月 11 日から会津美里町、7 月 1 日からはいわき市に建設された仮設住宅

への入居が開始されるとともに、民間賃貸住宅による借上住宅の供給も行われた。

2012年1月17日に災害対策本部がいわき明星大学大学会館に移設された。

2012年8月10日に警戒区域が解除され、

楢葉町の仮設商店街

避難指示解除準備区域に再編された。

2014年5月29日に、楢葉町として「帰町の判断」を行うとともに、帰町の時期を2017年春と発表した。

2015年9月5日午前0時、楢葉町全域における避難指示が解除された。避難指示の解除に伴い、楢葉町において2017年4月から学校を再開するとともに、楢葉町の仮設住宅供与期間として2018年3月末で終了することが決定された。

2　原発事故避難における職員対応の実態と苦悩

原発事故からの住民の避難経過にあって、その中心的な役割を果たしたのは自治体職員であった。震災前の総合防災訓練の場でも、常日頃から「何かあったとき、職員は家族よりも町民優先」を言われてきたという[6]。家族よりも住民の避難を最優先に、多くの職員がその職務を全うした。震災発生直後からの行動を聞いた。

◎家族よりも職務を優先した職員
　　震災の時は福島の建設技術センターに出張していた。楢葉にたどり着いたのは夜9時過ぎ。自分の家が崩れていることを聞いたが、職員

---

6) 2016年5月31日、元職員に対するヒアリング調査から。

みんなが仕事をしていたので、そのまま家に帰らず、まずは炊き出しの手伝いをした。その後、不足していた電話対応の手伝いをした。安否確認の電話が多かった。翌日原発が爆発し、いわきに避難することになった。移動する足がない住民に対して迎えに行かなければならないのではと思い、連絡のあった方の自宅へ迎えに行ったり、どうしても避難しないという住民を説得したりして、楢葉町を出たのは夕方になってからだった。家族とは会わないままに仕事をするのが当然だと思っていた。出張時の格好のままいわき市へ避難した。そのまま会津へ避難した。その段階でも家族とは会っていない。でも電話では話した。家族と話したとき、夫に「俺らが一緒に行くべといっても、おめぇは仕事を優先するべ」と言われた。もっともだと思ったが、私の性格をわかっているから「家族のことは任せておけ」という意味だと理解した。家族と会ったのは1ヵ月以上経ってからだった。　　（女性管理職）

　「あなたはどうする？」と妻に聞かれ「俺は仕事だから行けない」と言った。そのとき今生の別れだと思った。本当に死ぬと思った。3人の子どもとも一生会えないと思って抱き合った。「お父さんは？」「俺は行けない」「いやだ。お父さんを置いて行けない」「いいから行け」泣く泣く別れた。でも、あのとき、職員は行けなかったと思う。家族とはもう二度と会えないと思った。原発が爆発したとき、ここに残って死ぬしかないと思った。　　　　　　　　　（男性元職員）

　このように、多くの職員が自らの職務と町のことを最優先に行動した。しかしながら、原発事故というこれまで経験のない事態は、職員としての使命感の一方で、さまざまな不安を抱えながら避難住民への対応にあたることになる。そして、その不安が最大に達したのは、3月15日、内部被曝を低減させるためとして安定ヨウ素剤が配られたときであり、死への覚悟と絶望感をもたらすことになる。

◎死を覚悟した瞬間
　ヨウ素剤が配布される前日の夜に、飲み方を説明された。夜中に説

明されたときは「もう終わった。国に見捨てられ、われわれはあきらめるしかない」と死を覚悟した。あのとき、建物から出てはダメだと言われた。ここから出られることは二度とないと思った。（女性管理職）

死の雨が降るとの話が出ていた。ヨウ素剤を飲むことは研修などでこれまでも聞いていたが、本当に配られるとは思っていなかった。原発が爆発したときに、重要な台帳を取りに行くよう指示があって、ヨウ素剤を飲んで泣きながら役場に入った職員がいたと聞いた。

（男性課長補佐）

懸命に震災対応を行う職員に対し、多くの住民は協力的であり、共に避難所運営にあたった。一方で、原発事故に対する情報が不足する中、徐々に住民の不安感や絶望感も増していく。そして、住民がその感情をぶつける先は職員しかいなかった。

◎住民対応に苦悩する職員

避難当初、おにぎりが会津から届いたが、足りないときもあった。2人で1つを分けることもあった。職員は食べないで住民に配っていたが「お前たち隠しているんだろう」と言われた。　　　（男性主査）

職員の多くが不眠不休で避難所運営にあたっていた。「職員なんだから寝ないで仕事しろ」と言われたこともあった。うとうとしていた職員が「こいつ、寝てけつかる！　首絞めてくれっか‼」と言われた。

（男性課長補佐）

職員に対する苦情は避難住民だけではなかった。原発の様子が連日報道され、避難生活の長期化が余儀なくされるとともに、その生活実態が徐々に明らかになっていく。インターネットなどを通して広がっていくこれらの情報は、必ずしも正確でない形で伝えられ、第三者的立場の人たちからの苦情につながっていく。

第2章　楢葉町に見る自治体職員の生活実態と新たな課題　65

◎第三者からの不当な批判

　　数日で戻れると思ってペットを置いたまま避難した人も多かった。避難所の状況をテレビで見て、ペットと一緒では迷惑になるので泣く泣く置いてきた。それについて、「見殺しにした」「人でなし」といった電話を受けた。

（男性主査）

　　電話で「お金をもらっているんだろう」「自分たちが好きで原発を誘致したのに」「いつまで避難者ぶっているんだ」「今まで病院がなかった町になぜ病院をつくれと言うんだ」「なんで帰れるのに帰らないんだ」と言われたことがあった。「現場にきてみてください」と言った。自分の目で確認していないで、メディアからの情報だけで言ってくる人の言葉が嫌だった。

（女性管理職）

　避難経過における災害対策本部の決断は、その場面ごとに最善の措置であった。原発事故発生当初、早期にいわき市への避難を決断したことも、避難生活の長期化を見据えて会津への避難を決断したことも、住民を最優先に考えたものであった。一方で、「全町民が会津へ避難」という災害対策本部の意向に対して、全町避難という混乱のなか、全職員に必ずしも的確に伝わっていたわけではなかった。前述のとおり、2011年3月末の段階での避難者数は、会津美里町約1000名、いわき市約4000名に対して、職員数は会津美里町約71名、いわき市26名であった。また、震災の影響がほとんどなかった会津に対して、いわき市自体が被災自治体であり、避難先自治体からの支援を期待することが困難な状況にあったことから、避難所における対応にも大きな格差が生じていた。過酷を極めたいわき市における職員対応の結果、いわき市と会津美里町に配属された職員間の感情もぶつかりが発生してしまう。そのときの感情は、震災から6年以上経過した現在も、職員間のわだかまりとして残ってしまっている。

◎勤務地の違いによる職員間の感情のぶつかり

　　最初は、いわきよりも美里の方に職員数が多かった。避難者はいわきの方が多く、会津に対して「そっちが楽だ」とか職員間で感情のぶ

つかりもあった。管理職の間でもわだかまりができてしまった。い
わきに戻る町民が多くなってしまったが、最初はいわきに配置された
職員が少なかった。災害対策本部が移動する前までは会津の方が多く、
逆転現象が生じてしまった。町民が多いなかで職員が少なく、町民か
ら不平不満が出てきた。課長職はいわきへ行って、会津は補佐クラス
を各避難所の責任者とした。管理職は一人だけ会津に残った。次の年
には管理職がすべていわきへ行って、私が会津の責任者として総括す
ることになった。

(女性管理職)

　家族よりも住民の避難を最優先に行動した結果、震災発生から6年が経過
した現在も家族と離ればなれの生活を送っている職員もいる。
　楢葉町の職員数は2017年9月の段階で、他自治体からの支援職員や任期
付き職員等も含めて約150人であるが、そのなかで楢葉町に住んでいるの
は40人程度となっている。楢葉町に帰還している職員は全体の4分の1程
度にとどまっており、家族はいわき市で生活し、単身で楢葉町に住んでいる
人も多い。その結果、2016年に地震が発生したときは、津波警報で道路が
ふさがってしまい、いわき市から短時間で楢葉町にたどり着くことができな
かった。震災対応における課題が現実となり、そのことが松本町長の発言の
背景にあった。
　避難生活の長期化は、職員の居住地により、①楢葉町以外での生活を選択
した職員、②楢葉町に戻った職員、③楢葉町に戻りたいが戻れない職員、と
新たな分断を生じさせた。いずれも「故郷・楢葉町」を思う気持ちは変わら
ないが、長期にわたる生活実態から、自ら決断せざるを得ない状況になって
いるのである。

①楢葉町以外での生活を選択した職員
　　職員みんな大変だったと思うが、家族は会津で生活し、夫は単身赴
　任でいわきに行っていた。週末帰ってきて、日曜日の夜から行きたく
　ない。金曜日の夜と日曜日の夜では別人だと言われたことがあった
　(笑)。単身赴任がきつく、見ていられなかった。忘れ物も多くなった
　りして、「大丈夫だろうか」と不安だった。病気になってしまうので

はないかと思った。これはもうダメだと思って、子どもの学校も終わったし、「もう辞めていいよ」と話したら、目がキラキラして「いいのか？」といった。そこから割り切れて、職員に発表した。夫は「言うな」といったが、言ってしまえば楽になった。いつまでも沈んでいられないし、前向きに進むことを決めた。賠償金があるうちはある程度普通の生活ができていたが、打ち切られた後、どうやって生活していくか。なぜ会津で農業をやることにしたかというと、一日も早く生活の拠点を見つけたかったから。そして、食べ物がおいしかった。米はおいしいし、野菜もおいしい。果物もある。お酒もおいしい。でも、楢葉にはお墓もあるし、農地もある。子どもたちには楢葉の思いを伝えたい。まるっきり切ることはできない。　　　　　（元職員の妻）

②楢葉町に戻った職員

　　震災前は7人家族だったが、今は6ヵ所に分かれて生活している。私は楢葉町の実家に住まわせてもらっている。夫は福島で仕事をしている。祖父母はいわきに住んでいる。息子は大学生なので郡山に住んでいる。一番下の娘は今年大学に入って東京で生活している。真ん中の娘は、福島で就職して夫と生活していたが、「お母さんと住みたい」と言って会社を辞めて、去年会津にきた。私が会津から楢葉に戻ることになり、今は娘が一人で会津で生活している。避難当初は、私と私以外の家族の避難先の2ヵ所で生活していたが、今の方が6ヵ所でバラバラ。なかなか集まれる機会は少ない。それに慣れてしまっている自分もいる。　　　　　　　　　　　　　　　　　（女性管理職）

　　両親は最初に埼玉へ避難し、横浜に行って、茨城の牛久市に行って、息子の近くがいいと言って会津へきて、妹夫婦もきた。警戒区域が解除される前に、妹夫婦がいわきに家を買った。そこに両親も一緒に住むことになった。いまは両親とともに楢葉町で生活している。

（男性課長補佐）

③楢葉町に戻りたいが戻れない職員

　二通りに分かれたと思う。我々が戻らなければと思った職員もいたが、家族の事情で戻れない職員にとっては難しい。自分が楢葉町に戻っていないのに「楢葉町の学校はこれだけ良いよ、どんどんきてよ」と言えるのか。職員であると同時に住民でもあることで、まったく相反することをせざるを得ない。子どもはずっと避難していて、引っ越しさせたくないので、大学へ行くまでいわきで生活したい。でも、自分は楢葉に帰ることを求められている。自己矛盾のような状態。現実には自分の子どもに対してはこういう考え、公的な立場ではこういう考えと分けざるを得ない。そのことを住民から指摘されると何も言えない。だからつらい。

（女性管理職）

　町長の発言に対しては、町民の一部の意見だと思っていた。一時期は、放射能のある所に職員の子どもが行って実験台になれ！と言われたこともあった。今は放射能の問題よりも、まずは職員が率先して帰って住民を受け入れることを町民が求めているように感じる。町長の発言に違和感を覚えていない住民も多い。最初は少数派の意見だと思っていたが、それは役場の論理で、住民の思いとかけ離れているかもしれない。町長選挙の前に発言し、そのことが選挙で支持された。以前のように意地悪く「職員の子どもは苦労しろ！」というのではなく、住民としては「公務員としての本務でしょ！　当然だよね」という気持ちだと思う。町長の発言に反発している職員に対し、帰還した住民の本音では「何言っているの？」と思っているのが現実だと思う。

（男性課長補佐）

　住民に対して「私はこういう気持ちだから帰らない」と言えるかといえば、通らない話だということも十分に理解している。その場では、住民から「大変だね」という言葉をかけてもらったとしても、本音の部分では違うと思う。だから強く言えないのが現実。そういった職員が少数ではなく、かなりの数に上っていることは間違いない。

（男性課長補佐）

復興が進む新たな街並み(上)と完成予想図(下)

町長の言っていることもわかるし、楢葉に帰ってこられない職員の気持ちもわかる。でも、職員も子どものことを考えなければ、本心では楢葉に帰ってきたいと思っているはず。いまは帰ってこられない職員も、すぐにではなくても、将来的には帰ってきたいと思っている。それが難しいところでなかなか歯車が合っていない。町長の言っていることもわかるし、帰りたいのはやまやま。それができないという現実。

(女性管理職)

　復興に向けた取り組みが進む一方で、避難指示の解除から2年以上、「帰町の時期」から間もなく1年を迎えるが、楢葉町に帰還した住民の数は震災前の状況とはほど遠い。帰還者数の現実は、多くの原発被災自治体に共通する課題である。復興に向けたインフラ整備とともに全国各地に散らばっている避難住民のケアなど増大する業務のなかで、職員として今後の楢葉町をどう創造していくのか。被災自治体の職員に課せられた使命である。

◎今後の楢葉町の姿
　もっとこじんまりとしていいと思う。支援が必要な人に重点的に手を差しのべる。一方で、平成32年までの復興期間が過ぎたら忘れ去られるのではないかという危機感も強い。新しい箱モノには批判もあるが、走り続けなければダメだという意見もある。　(男性課長補佐)

変わったことはやらなくていいのではと個人的に思う。最低限、今のことを地道にやって、もっと住民に寄り添って、そのことが結果として他から人がきてもらえることになると思う。企業がたくさん参入して、それに伴って子育て世代が転入することが理想だが、現実的には難しい。
（女性管理職）

3 町の復興に向けた職員の新たな使命

これまで述べてきたさまざまな課題の解決策を示すことは筆者の能力を超えたものであるが、本章を閉じるにあたって、原発事故から復興をめざす自治体のあるべき姿として、その自治の担い手である住民について、既存の住民概念を転換する必要性と自治体職員の新たな使命について提起したい。町の復興にあたり、その自治体の区域に「住んでいる」人しか、その役割は担えないのか。そもそも「住むこと」「住所を有すること」「住民登録されている（住民票がある）こと」とは何を意味するのか。

表 2-2 は震災以降の楢葉町における住民基本台帳人口の推移と帰還者（居住者）数、主な避難先別居住数の状況である。2015 年 9 月 5 日に楢葉町全域の避難指示が解除され 2 年以上経過しているが、帰還率は 2 〜 3 割程度となっている。その一方で、住民基本台帳人口は震災発生時から約 1 割の減少

表 2-2　楢葉町における主な居住地人口の推移

		2011 3.11	2011 7.1	2011 11.30	2012 12.28	2013 12.4	2014 12.31	2015 12.31	2016 12.31	2017 3.31
楢葉町住民基本台帳人口		8,011	7,733	7,698	7,655	7,556	7,448	7,376	7,282	7,215
基準日（2011.3.11）との比較		−	−278	−313	−356	−455	−563	−635	−729	−796
楢葉町への帰還者（居住者）数（避難指示解除後）		−	−	−	−	−	−	262	767	1,347
帰還率（居住者／住基人口）		−	−	−	−	−	−	3.6%	10.5%	18.7%
主な避難先別居住者数	いわき市	−	3,507	5,008	5,688	5,737	5,785	5,581	4,897	4,606
	会津美里町	−	504	527	326	266	227	180	137	138

出所：楢葉町から提供された資料に基づき筆者作成。なお、最新の楢葉町内居住者数は、2017 年 12 月 31 日現在 2203 人、住民基本台帳人口 7141 人の 30.85% となっている（楢葉町ホームページより）。

にとどまっている。6割を超える4606人の住民は近隣のいわき市で生活している。これらの避難者は、現実として、楢葉町に住民登録したまま避難先であるいわき市で生活していることになる。

　国は、今回の原発事故避難住民への対応として原発避難者特例法を制定した。この法律は、①市町村の区域外に避難している避難住民に対する適切な住民サービスの提供と、②住所を移転した住民と元の地方自治体との関係の維持という2つの課題に対処するためのものであるが、避難住民が指定市町村（避難元市町村）の住民であり続けることを可能としている。国の見解として、2013年4月30日に開催された第30次地方制度調査会第32回専門小委員会において、碓井委員長が「地方自治法上の住民の要件、住所を持っているということですが、その住所概念は別に動いていないわけですね。そういうもとで、避難先とはいえ、長期間そこで日常の生活を営んでいるというときに、住所認定は永遠に避難元で続いていくという、今はそういう理解でよろしいでしょうか」との問いに対し、総務省の原市町村課長は、「住所認定は主観要素と客観要素がございまして、今、避難元から避難先に移っていて、住民票は引き続き避難元においてある住民の方で、住民票を移さない方については、こういうやむを得ない状況で、今、例えば東京なら東京、計画区域の外に避難しているけれども、自分は住所はもともとの、例えば大熊なら大熊にあると思っているとご判断されて、住所の認定というのは地元の市町村が判断されますので、大熊町なら大熊町がその住民票が大熊町になると御判断されることについては、総務省としても差し支えないという形で判断をしている」と答弁し、住所の認定は市町村が判断することを前提に、避難元の住民であり続けることを肯定している。

　既存の住民概念で6年に及ぶ避難先での生活を踏まえれば、「生活の本拠＝住所」は避難先自治体にあると考えるのが妥当であろう。生活の本拠である避難先自治体に住民登録し、避難指示が解除されて帰還する段階で、再度、避難元自治体に住民登録することが従来の手続きであった。しかしながら、今回の原発事故による特例法では、現在は楢葉町に住んでいない住民も、

---

7) 正式名称は「東日本大震災における原子力発電所の事故による災害に対処するための避難住民に係る事務処理の特例及び住所移転者に係る措置に関する法律」であり、2011年8月12日に公布された。

第I部　福島原発事故による被災者の生活問題

楢葉町の判断で楢葉町に住所を有し、楢葉町の住民であることが可能となっている。避難住民も、さまざまな形で楢葉町への思いを抱えながら、その多くが楢葉町に住民登録したまま避難先で生活しているが、実質的な生活の実態が避難先にあることは前述のとおりである。その結果として、住民基本台帳人口と帰還者数の大きな乖離を生むことになった。また、特例法による住民サービスの提供は、避難元自治体において処理が困難な事務を届出し、総務大臣が告示することにより、避難先自治体で処理することができるとするものであり、避難先での住民としての権利を保障するものではない。そもそも、提供される住民サービスは行政機関が一方的に決めるものではない。住民自らが住民サービスをコントロールする権利は、住民が自治の原点として本来的にもつ権利であり、特例法ではその観点が欠落している。避難生活の実態と制度の間に大きな矛盾が生じており、そのしわ寄せは最終的に避難住民と自治体に行く。このことは、生活の本拠として客観的に一つの住所に限定する従来からの住民概念の限界を示している。

　原発事故による特例に限らず、従来からの住民概念を拡大する動きとして、住民投票条例で町内に住所を有する町民だけでなく、町外から通う在勤、在学者に投票資格を与えることや通勤・通学者とともに出身者、ふるさと納税をした町外在住者に「第2の住民票（ふるさと住民票）」を発行する事例もみられる。[8] また、地域とのかかわりが多様化するなかで、地域に対して交流（観光）人口より深くかかわり、定住人口より浅いかかわりをもつ人々を「関係人口」とする新たな概念も作られている。[9] 多元的な住民による自治を構想すれば、地域社会を維持していくため、必ずしもそこに住んでいない住民も自治の担い手として認めることが可能ではないか。

　楢葉町では、仮設・借上住宅の退去期限が2018年3月と示され、避難住民の決断が強制される。その一方で、さまざまな理由により帰還しない（できない）住民の存在を忘れてはならない。避難先で主に生活していても、定期的に楢葉町の自宅へ帰ることや将来的に楢葉町に帰るためにその絆を維持

---

8) 朝日新聞「町政参加、町外の人も　通勤の人に住民投票権や「第2の住民票」」2017年6月26日。
9) 小田切徳美（2017）「いまなぜ「関係人口」か？」『町村週報』3017号。田中輝美（2017）『関係人口をつくる——定住でも交流でもないローカルイノベーション』木楽舎など。

していくこともあり得る。松本町長の発言が、町民の帰還率が伸びない現状から町の存続に対する危機感から出たものであるとすれば、既存の住民概念を転換し、多様な住民が町の復興に携わっていくことで、将来の楢葉町を創造することができないか。そして、町の復興にとって自治体職員は必要不可欠な存在である。

　自治体職員が家族との生活よりも自らの職務として町のことを最優先に行動した背景には、町を守るという使命感があり、それが職員として「当然のこと」だと認識していた。松本町長の発言は、同時に町の復興にあたり職員の果たすべき役割の大きさを裏付けたとも言える。その際に、楢葉町以外で生活している職員も当然に自治の重要な担い手である。そして、万が一災害が発生したときには、短期的な対応として、住民の協力を得ながら、すぐに対応できる職員による危機管理体制の構築が急務であり、一方で、中長期的な復興復旧への取り組みも必要となる。

　日本全体の人口減少を見据えれば、その自治体に住んでいる人しか住民ではない（自治の担い手ではない）という従来からの概念では、さまざまな課題に対応しきれない。原発事故の影響を受けた自治体は、人口減少が進む将来の日本の自治体の縮図ともいえる。楢葉町に居住する帰還者にこだわるのではなく、住民を多元的に捉え、多様な自治の担い手が相互に楢葉町とかかわりながら、町のあるべき姿を見出していくことが必要であり、その中心的な役割を果たす使命が、自治体職員に求められている新たな課題と言えるのではないだろうか。

第**3**章

避難している子どもを支える居場所づくり

江川和弥・戸田典樹

はじめに

　東京電力福島第一原子力発電所事故（以下、福島原発事故）が発生してすでに7年が経った。私たちにとっては、福島原発事故がすでに過去に起こった大惨事の一つとして記憶の中だけに留まっているにすぎないようにも思える。しかし、いまだ故郷に戻ることができず将来の見通しが立たない多くの被災者たちがいる。このような状況を生み出した大きな原因は、政府が東京オリンピックを前に福島原発事故の収束を強調し、被災者の生活が元に戻ったかのように復興をアピールし、支援や補償を終わらせようとしていることにもあると考えている。このような政策の状況を反映して、マスコミが福島原発事故によっていまだに避難生活を送る人たちの様子を報道する機会も減った。単に、3月11日が近づけば、過去の出来事として他の災害と同じように福島で起こった原子力発電所事故が語られているだけである。

　ここでは、忘れ去られる存在となっている福島原発事故による被災者、その中でも最も放射性物質による健康被害や、その後の「あり方」が心配されている子どもについて、私たちが実施してきた「学習支援」「遊び支援」など「居場所」づくりの経験の大切さを伝えたいと考えている。

1　震災から7年目の現実

1）「居場所」づくり活動と子どもたちの今

　会津若松市に避難している大熊町立の各学校では、2017年度に入り児童生徒の人数減少にさらに拍車がかかることになった。「熊町・大野幼稚園」では園児が5人、熊町小学校では14人、大野小学校では11人、大熊中学校では20人（2017年4月1日現在）。合計50名が年度当初に在籍した園児・児童・生徒の数である。一方、この年、会津若松市に避難している大熊町の子どもの半数以上が、会津の小・中学校に通いはじめた。

　大熊町の学校に通う子どもたちが減少していく中で、私たちの活動も変化してきている。良くなった点は、NPOとボランティア大学生主体の活動が定着してきたこと、また、一人ひとりに手厚い人員配置の中で学習支援等が行われてきたことである。大学生は社会人となり、子どもたちも小学生から中学生に成長しているが、継続的な長いかかわりが生まれているので、子どもたちの過去や家族関係もよく理解し、場合によっては、本人の悩みや課題を家族以上に理解する関係性が生まれている。中学校を卒業すると、約半数の近くの子どもが高校進学のために会津から他地域へ転居していく。

　会津での生活に安心を感じている人も多い。とりわけ、ひとり親や障がい等を抱える子どものいる人たちの安心感は大きい。このような家族を支えているのが、大熊町と連携した大熊町地域学習応援協議会（後述）の活動である「放課後居場所事業」「夜間学習支援」等である。「放課後居場所事業」では幼稚園児と小学生を対象に、幼稚園・学校終了後から午後6時まで、学習と遊びの支援を行っている。夜間の学習支援では、夕食後から7時30分頃まで、小学生・中学生の学びの支援を行っている。

　利用者には、震災直後からすでにもう何年も活用している子どももいる。とくにひとり親の場合には、できるだけ長く子どもを預かってほしいという要望も多い。私たちは、放課後の居場所事業と夜間の学習支援を連携させた支援も行っており、学校から帰ると放課後居場所事業に参加し、その後夜間学習支援に参加する子どもも多い。

　学習支援では、子ども食堂の事業と一体化させて、会津若松市内の子ども

たちとともに食事を作り、食べるという活動も行っている。事業の連携により子どもが長時間過ごすことができるようになった。最長で午後7時30分頃まで、子どもが学習や遊びの居場所の活動に参加できることで、親にとっても安心できる社会的なサービスとして定着してきている。

　また、大熊町の町民でありながら会津若松市の学校に通う子どもは、教育やスポーツを行う点で少人数の学校は不利だと、大熊の学校には通わないという選択をしている。つまり少人数であることは、他者との間での切磋琢磨や集団でのスポーツに不向きであるからだ。長期化する避難生活の中で、親も本人も仲間と別れるという苦渋の選択を強いられている。

　さらに、会津若松で生活を続ける中で、大熊町の記憶がほとんどない子どもたちも小学校に入学してきた。ふるさとである大熊の文化をどのように伝え、考えていくのか。住民が離ればなれになる中で、子どもたちのアイデンティティをどこで、どのように形成していくのかという非常に難しい課題も背負っている。大熊町の記憶、震災の記憶を子どもたちにどのように伝えていけばよいのだろうか。

　「被災した児童生徒」としての視線が外側から注がれているとともに、「大熊町を復興してほしい」という大人の期待も含めた課題を子どもたちは背負っている。しかし子どもたちは、この課題にとらわれることなく自由にふるまっている。「被災した児童生徒」としての視線や学習環境のハンディキャップは避けられないけれども、その中で「普通の学校」ではできない学びを得ている。多くの学習支援、音楽教育や最先端の学習コンテンツが提供される中で、自分に必要な部分のみを取り入れる柔軟さも持っている。

2）大熊に帰れないと決めた子育て世代

　2017年7月に大熊町の小中学校の保護者全員にアンケートを配布した。配付総数50名に対して、16名から有効回答を得た。保護者たちは、30～50代である。町立の学校が会津若松市にあることは、保護者にとって会津に住む一つの要因にもなっている。これは、避難生活を送るために教育を重視する人が大熊町の小中学校に残っていると言える。回答した16名の半数に近い7名の親は、会津若松に学校があるので、現在地に住んでいるという。その中でも5名の保護者は、今後も会津若松に住むことを明言している。中

には、会津若松に家を建てた人もいる。

　特徴的なのは、子育て世代のほぼ全員が今の時点で、今後5年の間で「大熊町に帰る」という考えを持っていないことである。しかし、9名の親は、今でも住民票を大熊町に置いたままにしている。さまざまな事情や将来に対する不安の中で、大熊町に住民票を置いているが、「戻ることはない」と答える。震災前から大熊町は、原子力発電所の仕事で、一定程度の住民の転入・転出があった地域でもある。大熊町で代々農業や商業等の自営業をしてきた人がさほど多くないと考えると、町に戻らない選択をしている人の多さは、さほど驚くに値しないのかもしれない。

　しかし、大熊町第二次復興計画の中では、2018年度中には町内に住める環境をつくるとしている。大熊町では、町内に戻る人、戻らない人それぞれの選択に応じた生活の安定を共にめざすという。

　保護者の中には「今後の生活に向けて、生計のめどは立っていますか？」という問いに対して、半数の8人はある程度のめどがあるが、残りの半数は「立っていない」もしくは「わからない」と答えている。どのように生活再建をしていくのかについて、保護者世代の迷いと不安が感じられる。

　保護者は、子どもの就学について大きな不安を持っている（13人）。同時に、自分自身の健康に不安を抱えている人もいる（5人）。震災後の生活のストレスから病気や精神不安になる人もおり、子どもの就学問題と自身の健康、家族の生活不安等が複雑に被災家族の中に内在している。

　3.11以降の大熊町の教育のあり方についての質問には、10人が「納得できないにしても受け入れていく」という前向きな回答をしている。ただ、まだまだ、十分に消化できない思いを持つ人や、いまだに「怒り」の感情が抑えられない人もいる。「孤立」「孤独」という分断をつなごうと、もがいている保護者の姿も非常によく見える。「今後の大熊町のまちづくりに、積極的にかかわっていきたい」と考える人も多くいる。自分たちにできることから町の復興に積極的にかかわっていきたいと思う保護者も半数いる。

　このような住民の意欲は、大熊町の教育にとっても希望であると思う。大熊町に戻る、戻らないという二者択一ではなく、町民が町と多様なつながり方をすることで新たな町をつくるという可能性を意味するのかもしれない。いま、大熊町の小・中学校に在学している子どもたちは、合わせて45

人。この子どもたちが、不安やためらいだけではなく、どのような希望を手に入れていくのか。放射能影響が少ない会津地域への安心感と受け入れる側の住民の活動が、子どもたちと家族を支えていると私たちは考えている。そこに、子どもたちの可能性をひらくヒントが含まれていると言える。

今後とも子どもの学びを支える「場」づくりを行政や学校とも連携しながら行っていくとともに、子どもにとっての学校・家庭以外の第三の学び場、居場所として安心できる学びの場をつくっていきたいと考えている。

2 縮小される被災者支援

2012 年、大熊町を含め福島原発事故で被災した子どもたちや被災者の生活を支えるため、「原発事故子ども・被災者支援法」が法制化された。法律の趣旨においては、避難する者、避難しない者、避難したが還ってきた者、すべての被災者に対して国が具体的に支援を実施することが謳われていた。

しかし、支援策の具体化は、遅々として進まず、既存の事業のみ改めて公表されるに過ぎなかった。また、福島県が実施してきた県民健康管理調査に関しても甲状腺がんのみに照準をあてたもので、白内障、白血病、心臓や血管の疾患などの健康被害の状況把握が行われないなど、調査範囲や調査項目、調査内容や手法、さらに情報開示のあり方についても疑問が呈されている。[1]

このような状況の中、避難指示解除準備区域（年間積算線量 20 ミリシーベルト以下）、居住制限区域（同 20 ミリ超～50 ミリシーベルト以下）などの避難指示が解除されていった。具体的には、2014 年度に田村市、川内村の一部、2015 年度に楢葉町、2016 年度に葛尾村の一部、川内村の一部、南相馬市の一部、飯舘村の一部、川俣町、浪江町の一部、そして、2017 年度には富岡町の一部が避難指示を解除されている。ただ、これらの地域の多くで帰還が進んでいない。

2014 年 4 月以降に解除された田村市、川内村、楢葉町、葛尾村、南相馬市の 5 市町村で、住民票がある計 1 万 9460 人のうち、昨年末から今年 1 月

---

1) 放射線被曝と健康管理のあり方に関する市民・専門家委員会（2013）「福島県県民健康管理調査の問題点および健康管理のあり方について緊急提言（案）」http://www.foejapan.org/energy/evt/pdf/130224_5.pdf（2017.1.21 確認）

の時点で、実際に住んでいるのは計2561人で13.1％だった。解除された地域への住民の帰還率が全体で約13％にとどまる。その後、2017年3月31日に避難解除された浪江町では、アンケートに答えた4867世帯のうち「すぐに・いずれ戻りたいと考えている」と答えたのが17.5％、「戻らないと決めている」が52.6％、「まだ判断がつかない」が28.2％と、多くの人が帰還を躊躇している。「すぐに・いずれ戻りたいと考えている」という回答の内訳も「すぐに戻りたい」と答えた人は30.7％に過ぎなかった。このように避難指示を解除した後に、避難者が自宅に戻らない状況があるにもかかわらず、応急仮設住宅の提供については原則2018年3月までとされた。

　そして、さらに厳しい状況に追い込まれているのは、避難指示区域外から避難している自主避難者である。今村雅弘元復興大臣は、自主避難者への住宅支援については国に責任はなく、「（福島に）帰れないのは本人の責任」だとし、「裁判でも何でもやればいい」と声をあらげた。その後、今村元復興大臣はこの発言以外にも、東日本大震災の被害について「まだ東北、あっちの方でよかった。首都圏あたりだと莫大、甚大だったと思う」などの多数の問題発言を行い辞任に至っている。

　しかし、自主避難者への国の無償住宅提供打ち切りは撤回されず、打ち切り後の対応は地方自治体にゆだねられている。24都道府県が独自に無償提供延長などの支援を行う一方で、19県が独自支援は見送っている。福島県によると、打ち切り対象は1万524世帯・2万6601人（2016年10月末集計）で、うち県外は5230世帯・1万3844人と報告されている。

2）産経ニュース「住民帰還率、いまだ13％　原発事故の避難解除地域　福島県5市町村」（2017年1月28日）http://www.sankei.com/affairs/news/170128/afr1701280029-n1.html（2017.8.9確認）

3）復興庁・福島県・浪江町「浪江町住民意向調査 調査結果（速報版）」（2016年11月25日）http://www.reconstruction.go.jp/topics/main-cat1/sub-cat1-4/ikoucyousa/20161125_ikouchousa_namie.pdf

4）毎日新聞「自主避難者 避難先　住宅支援に格差　9道府県が独自策」（2017年1月5日）http://mainichi.jp/articles/20170106/k00/00m/040/135000c（2017.1.5確認）

80　　第Ⅰ部　福島原発事故による被災者の生活問題

3　NPO やボランティアが支えてきた子どもの「居場所」づくり

1）震災後の活動の経過

　東日本大震災直後、事故を起こした福島第一原子力発電所が立地する大熊町から、多くの住民が会津若松市内の体育館や公民館へと避難してきた。避難者を受け入れた会津若松市の住民も炊き出しや物資の提供などさまざまな支援活動に従事した。このような活動を実施する中で、避難者たちの生活を少しでも快適なものにすることを目的として、任意団体「元気玉プロジェクト」が発足した。また、社会福祉士会、JICA 有志や会津大学短期大学部の学生が中心となって避難所調査を実施した。2011 年 4 月には市内 4 ヵ所の体育館や公民館などの避難者を対象とした第一次避難所調査、5 月初旬にはホテルや旅館などの避難者を対象とした第二次避難所調査を行っている。

　一次避難所調査の結果、体育館や公民館では子どもの遊ぶ場がないことがわかり、大学生の協力を得て、子どものストレス軽減のために「遊び支援」を実施した。そして、第二次避難所調査では、子どもの教育について親が心配していることがわかり、二次避難所で「学習支援」や「遊び支援」を開始している。活動の中心は、会津大学短期大学部、会津大学、仁愛看護専門学校、竹田看護専門学校、福島県立看護専門学校の学生と県外からの社会人・学生ボランティアにより組織された「会津学生ボランティア連絡会」である。また、東山温泉や芦ノ牧温泉のホテルや旅館といった二次避難所への学生の送迎、ボランティアのコーディネートについては、「元気玉プロジェクト」が行った。

　その後、避難者が第二次避難所から仮設住宅や借り上げ住宅へと移り住んでいくのに伴い、10 月から「学習支援」は東部公園仮設住宅と第二中学仮設住宅という 2 ヵ所の仮設住宅の集会所へと移った。活動内容は、基本的には宿題をみることだった。学習に遅れがある場合は、苦手なところを繰り返し勉強するといった取り組みが行われた。また、季節ごとにクリスマスパーティーや子どもの誕生日のお祝いなど工夫をこらし年中行事を行っている。

　一方、「仮設住宅での週末学習支援」は、当初より会津若松市在住の学生と県外からの学生が、長原仮設住宅の子どもたちを対象にして土日などの休

日に実施していた。県外からの学生については、NPO法人全国寺子屋ネットワークが関東で学生ボランティアを募集し、大熊町地域学習応援協議会の設立以降は同協議会が学生のマネジメントを行った。2016年度末で長原仮設住宅入居世帯が災害復興住宅などへ転居し、小さな子どもが生活しなくなったため、活動場所の見直しを迫られている。

2）大熊町の子ども支援の枠組みづくり —— 大熊町地域学習応援協議会の活動

　大熊町は震災後いち早く、会津若松市で自らの学校を再開させた。私たちは、大熊町が長期避難を見据えた上での対応であると理解し、その避難生活を支える支援の枠組みづくりを行った。具体的には、一つのNPOやボランティア団体だけで避難生活を支えることはできないので、現在支援にあたっているそれぞれの団体が強みを活かした協議体をつくることでそれが可能になった。そこで生まれたのが大熊町地域学習応援協議会である。

　学習支援の現場を支えるボランティアは、会津学生ボランティア連絡会の協力を得て、NPO法人全国寺子屋ネットワークがこれを支えた。また、大熊町教育委員会は事業の主体となって、武内敏英教育長自らが協議会の代表になった。全体の事務局をNPO法人寺子屋方丈舍が務め、「学びをつうじた被災地コミュニティ再生事業」（文科省委託事業）を受けて、2013年より活動を開始した。

　当初は、活動に参加した学生も多く、最大時には、夏休みに毎日40人余りのボランティアが参加し、子どもと遊び、学習を続けてきた。

　不安を感じた子どもたちにとって、一番大事なのは、不安を受け止めてくれる人の存在である。怖かったり、家族を心配したり、苦しんだりしているありのままを受け止められて、子どもたちははじめて安心感を手にした。多くの子どもたちは、震災直後からさまざまな「がまん」を強いられてきた。「今は大変なときだから、心配をかけてはいけない」と言う子どもたちも多かった。遊ぶことさえも抑えられてきた。不安そうな親や大人の顔。避難者から詰問されて戸惑う、同じ被災者である自治体職員の顔も子どもたちは見てきた。避難所で大きな声を出す障がいのある子どもたちは、親が必要以上に気をつかうことでストレスをためていった。

　子どもの学習支援に入った学生たちは、仮設住宅で言い争い、親に殴られ

表 3-1　2016 年大熊町地域学習応援協議会の活動

事業名	活動場所	活動回数	参加人数	担当団体
放課後居場所事業	寺子屋方丈舎	215 回	513 人	寺子屋方丈舎
夜間学習支援	瑞祥館	41 回	377 人	寺子屋方丈舎 会津ボランティア学生連絡会
仮設住宅での週末学習支援	長原地区応急仮設住宅	20 回	198 人	全国寺子屋ネットワーク 会津ボランティア学生連絡会
スポーツ大会	会津大学短期大学部	1 回	32 人	全国寺子屋ネットワーク 会津ボランティア学生連絡会
合宿	会津自然の家	2 回	45 人	全国寺子屋ネットワーク

筆者作成

蹴られる子どもを目の当たりにしてきた。しかし、それは避難した大人たちの人間性がそうさせているわけではないと学生たちは考えていた。つまり、大人たちが、自分自身の行き場のない不安を子どもたちにぶつけてしまった。それは、大人自身が不安に耐えられなかったからである。

　避難する子どもたちがいじめや健康不安という問題にさらされる中、国の社会的支援が縮小していく。このような状況の中で子どもたちを支えてきたのが学習支援や遊び支援などの取り組みである。不登校児童生徒を対象としたフリースクールを運営してきた NPO 法人寺子屋方丈舎と会津大学短期大学部の学生ボランティアとが協働して、学習支援、遊び・居場所づくりを担ってきたが、支援の枠組みをつくった大熊町地域学習応援協議会の意義は大きい。

4　大学生と子どもたちの「斜めの関係」と支援のふりかえり

　これらの「夜間学習支援」「仮設住宅での週末学習支援」の特徴は、子どもたちがボランティアで参加する大学生のことが大好きなことである。大学生に勉強を教えてもらうことだけでなく、話を聞いてもらい、遊んでもらえることが楽しみになっていた。子どもたちは雪の日でも「学習支援」が始まる 1 時間も前から集会所の前で大学生を待っていた。大学生たちもまた、忙しいアルバイトの合間をぬって子どもたちと向き合っている。気心が通じ合

第 3 章　避難している子どもを支える居場所づくり　　83

うようになってくると、子どもたちは自らの悩み、不安な気持ち、苦しい体験を話している。その内容は、「友達が転校していく」「せっかく進学したのに友達ができない」「学校を辞めたい」「父親が単身赴任でなかなか会える機会がない」「本当は、転校なんかしたくない」「両親のケンカがたえない」などさまざまだった。親、友だち、学校の教員には言いにくいことを相談するようになっていた。このような「夜間学習支援」「週末学習支援」で見られる子どもの様子と小学校や中学校での様子を踏まえて、それぞれの子どもに応じた支援策を考えることができた。

　このような「学習支援」「遊び支援」における子どもと大学生の関係が、二度と戻ってこない大切な成長の時期に避難生活を送る子どもにとって、将来対する不安な気持ちを支える役割を担っていた。ここでの役割は、親や学校の先生のような「タテの関係」でもなく、友達などとの「ヨコの関係」でもない、子どもと大学生の「斜めの関係」だからこそ担えるのではないかと考えた（図3-1）。斜めの関係が子どもにとって学校でも家庭でもない第三の居場所となり、子どもが自らの人生を考える場となった。

　ここでは、子どもと親や兄弟姉妹以外の大学生との関係性がとても大事であった。当事者である子どもとの距離感を持った、親密すぎず、遠すぎない関係である。ボランティアは、子どもたちに熱意を持ってかかわりながらも、自分の考えを押し着せることがなかった。「こうしてほしい」「こうなったら自分はうれしいと思うけれど」という発言はしても、何かを強制することはない。その理由は2つで、①どんな経験でも自分が決めたことが一番大切であるから、②NPOのスタッフやボランティアは、あくまで「他者」であって当事者ではないからである。つまり、自分たちにできることは、環境をつくり、子どもたちの話し相手になることであって、子どもたちを導くことでもないし、まして何かを強制できる存在でもないということである。迷っていたり、悲しんでいる子がいれば、話を聞くことしかできない。けれども誰もが、子どもが常に自分の意思で選択していくことの大切さを共有していた。

　ある子は、うまく学校に行けない。ある子は高校を中退してしまう。どんな状態になったとしても、その子どもと付き合い続ける。あえて、説教したり意見を言わない関係でもある。その根底には、子どもたちの人生は、その子自身が決めていくものという学生同士の理解があった。

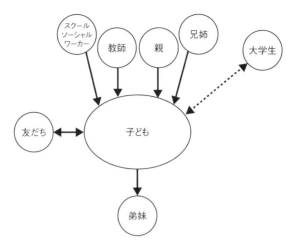

図3-1 「学習支援」や「遊び支援」における子どもと大学生の関係

　私たちは、いわゆる「教育」をしないことを大切にし、行動したり意見を言い合うだけの活動を大切にしてきた。この「立場をわきまえた活動」が、子どもにとっての居心地のいい「居場所」づくりにつながる。子どもたちがこの距離感を非常に心地のいい関係だと思っていたからこそ、今日までこの活動が続いてきたと考えている。さらに、この「斜めの関係」にある大学生が、自らが目標にできる、あるいは新たな生き方を提起する「大人モデル」となり、子どもたちの「生活力形成」(生きる力)や「生活関係形成」(社会とつながる力)を育んできたと言える。

　すべての学生たちは、その日のボランティアの終了後、何を感じたのか、子どもたちに何ができるのか、何をしてはいけないのかといった悩みを、活動ごとに「ふりかえりノート」にぶつけてきた。ノートには多くの学生の悩みが日々記され、学生たちはそれを読みながら過去の記録と自分を対話させていった。

　NPOのスタッフが、ふりかえりを主導していくことはあえてしなかった。ただ、混乱した議論を整理することは必要であった。議論しては整理し、整理しては議論を重ねていく。子どもたちにどうすれば寄り添えるのかという、答えのない問いから発せられている議論なので、まさに答えは出ない。しかし、お互いの気持ちを活動の場に置いていくという意味でも、このふりか

えりがとても大事だと私たちは位置づけている。非常に情熱に溢れたボランティアは、大きな善意と熱意をもって活動している。この熱意は、時に人を傷つけるということを市民活動の歴史は教えてくれる。いつの間にか、当事者の意見が軽んじられて支援者主導の支援になったり、当事者ニーズに寄り添うのではなく、支援者ニーズを「正義」としがちだからである。

　今回の被災した子どもたちへの支援では、外から多くのプログラムが持ち込まれた。アメリカやパリを訪問するプログラム、有名な学者との対談、芸能人の講座など、多様で規模の大きい企画が驚くほどあった。たしかにその企画自体に価値があることは疑わない。しかし、それは当事者のニーズに寄り添ったものなのか。その問いが私たちの問題意識を生み出し、当事者が企画する手づくりの取り組みをめざすことにつながった。

　ありのままの「不安」を出す子どもたちと、その不安を一生懸命に受け取る大学生たち。大学生自身も揺らぎ、子どもたちに揺さぶられ続ける。そして自分が学んだ知識が、まったく生かされないという愕然とした思いを抱く。大学生たちの「この柔軟な揺れ方」こそが、意図せず子どもへの学びになったと私たちは考えている。

　大学生たちが毎日活動の終わりに話し合う「支援のふりかえり」と呼ばれている学び合いが重要となる。学生は全員、子どもと常に全力で向き合っているので、人によってかかわり方も違うし、判断基準もバラバラであることが多い。しかし、学校との定期的な情報交換を踏まえながら学習支援を行い、毎日の出来事についてふりかえりを重ねていくことで、子どもたちへのかかわり方に統一性を持たせる。それは、誰かが正しい答えを出すのではなく、ふりかえりの場でそれぞれが「〜ねばならない」という議論ではなく可能性を探り合うことから始まる。このような形で子どもの思いに向き合うことは、学生だからこそできる支援ではないだろうか。

　もし、活動の趣旨や内容が詳細まで決められて、それに合わせるだけの活動であったとしたら、参加した学生は「いいこと」をしたと満足して終わったかもしれない。しかし、ある意味、私たちの活動自体の統治（ガバナンス）が弱い活動であったので、誰もが常に揺れていた。大学生たちは、はじめは、与えられない「正しい答え」を組織する側（学校やNPO）に求めてきた。どのように考え、行動するのが「正しい」のかと。しかし、答えなど

出てこなかった。答えは、現場で活動する大学生と子どもたちの間にしかつくり出せない。自分が思っている「正しさ」が否定されることによって、子どもの想いにしだいに共感してくる。それぞれ経験が異なる者が異なる思いをぶつけ合ってこそ、子どもたちの思いに近づけるのではないだろうか。大学生と子どもたちが一緒に答えをつくり出そうと考え続けたことが、参加者にとって大きな収穫になっていた。

5 「居場所」づくりにおける到達点と課題

　福島原発事故により避難生活を送る子どもたちは、いじめの標的となり、被曝したことによる甲状腺がん発症への不安に苛まれている。それにもかかわらず避難指示解除が進められ、家賃補助が打ち切られるなど社会的支援が縮小されつつある。こうした状況の中で、多くの世帯が将来を見据えて自力で新たな生活を始めている。しかし一方で、取り残されている世帯がある。それは、ひきこもり、障がい、一人親家庭など、なんらかの問題を抱え自らの努力で生活を切りひらくことが難しい世帯である。このような世帯の子どもたちを最後までバックアップしてきたのが「学習支援」「仮設住宅での週末学習支援」といった「居場所」づくりだった。

　大熊町の「居場所」づくりの到達点として、2点あげることができる。まず、第1点目は「学習支援」や「遊び支援」という「居場所」が、学校や家庭では解決しにくい子どもたちの問題を側面から支えてきたことである。典型的な事例で言えば、学校との関係がうまくいかない子どもの相談相手、気持ちの受け入れ場所となったことである。子どもや親の思いを学校へとつなぐ役割や、子どものストレス不安を癒す役割などを担ったことである。これらのことができた大きな要因には、意識的に「斜めの関係」を導入していったことが大きいと考えられる。

　そして2点目は、教育委員会や学校という公的教育機関と「学習支援」や「遊び支援」などの「居場所」事業と情報を共有化し、協働して子どもたちを支援するという官民協働の一つのモデルとしての仕組みができあがったことである。教育委員会や学校については、個人情報の保護という問題があり、民間組織に子どもの情報を開示するということはない。しかし、「居場所」

での経験をもとに、支援後の「学習支援のふりかえり」によって、それぞれの子どもが抱える困難を、学校を含めて共有化する取り組みにつなげていくことができたと考えている。

一方、「学習支援」「遊び支援」という「居場所」づくりについて2点の課題が確認されている。第1点目は、避難者の生活再建への課題である。避難していた家族がそれぞれ将来計画を立て、仮設住宅や借上住宅から新たな生活を求めて転居している。そして、「いじめ問題」などさまざまな困難に遭遇している。これらの人たちに対して「居場所」で提供してきた「生きる力」「社会とつながる力」の育成をどのように継続していくのか、誰がどのような方法で実施するのか、といった新たな支援の方法の構築が必要になる。

第2点目は、社会的支援を構築するという課題である。被災自治体や意識ある個人の努力に支えられ「学習支援」や「遊び支援」が実施されてきたものの、社会的支援の縮小化、福島原発事故問題の風化などの理由からしだいに学生ボランティアなどが集まらない状況が進んでいることである。同時に、避難している人たちが遭遇する困難をどのように把握し、学生たちに伝えるか、多様になっている避難者のニーズをどのように束ね支援するかが課題となっている。毎年のようにメンバーが入れ替わる学生たちに、どのように「学習支援」や「遊び支援」の意義を伝えていくのか、また、新たな課題に対して取り組むためのモチベーションをどう育むのか、継続していくことの難しさが課題となっている。

おわりに

本研究のねらいは、忘れ去られようとしている福島原発事故による避難者、とりわけ最も放射性物質による健康被害を受ける危険性を持つ子どもを対象とした「学習支援」「遊び支援」などを行う「居場所」づくりが果たしてきた機能について、改めて評価することである。

子どもたちが学生たちと出会い、ゆっくりと自らが置かれている状況を理解し、将来についての展望を育んでいくという機会を「居場所」づくりにより生み出すことができたということである。

教育学や貧困研究における先行研究の多くが、「一番大事な成長期に家庭

の崩壊に直面する」という厳しい環境の中で子どもが主体的に生きることを支援する上で、「居場所」の重要性を指摘している。その中で、「本気で向き合う」支援者の存在が子どもたちの自尊感情や意欲の醸成につながることが説明されている。大熊町における活動では、この「本気で向き合う」支援者として、学習支援の場の学生たちが、子どもにとって親・教師以外の「大人モデル」となることで、子どもの成長に大きな影響を与えることが示された。

これらの先行研究の知見を活かし、大熊町の「学習支援」「遊び支援」という「居場所」づくりが果たしてきた機能について改めて評価した。その結果、大熊町の子どもを対象とした「学習支援」「遊び支援」という「居場所」の到達点は、これらの「居場所」が学校や家庭では解決しにくい子どもたちの問題を側面から支えるということだった。そして、教育委員会や学校という公的教育機関と「学習支援」や「遊び支援」など「居場所」が情報を共有化し、共同して子どもたちを支援するという一つのモデルとしての仕組みができあがったことである。

同時に、この「学習支援」は、支援する側にも学びを与えた。当事者の子どもとの「斜めの関係」が、実は支援される側にとっては、ほどよい距離感での伴走になっていた。支援する側と受ける側という関係の中で、緊急時には、支援者側が勝手に自立のストーリーをつくり、それにあてはめようとする場面も少なくはなかった。しかし、それは、支援する側・される側という関係を固定化し、いつまでも「ありがとうございます」と支援される側に言わせ続けるような関係でしかない。支援の目的は、支援を受ける側が自分の力で歩み始めることを支えることでしかない。自分の感情移入で相手との関係を壊してしまうこともなく、支えることができるこの斜めの関係は、される側にいる子どもにとっても親や教師では代わることのできない存在であったと思う。

ボランティアの側が、活動のふりかえりを繰り返しながら学び合った「支援のふりかえり」は、これまでのボランティア参加者の教育観を壊すものでもあった。活動を通じて受け取った学びで、お互いの考えを交流させていく。ふりかえりを通じて、自分の中に気づきが生まれ、それを共有することで他者の気づきも受け取る。その結果、参加した大学生の思いに変化が生じた。そうした「学び合い」の機会が生まれたことが、参加した学生たち自身の自

信を支えることにつながったのである。

さらなる課題として、福島原発事故後7年が経過し、避難していた家族がそれぞれに新たな生活を求めて転居していく中で、不登校や「いじめ問題」などさまざまな困難に遭遇している。これらの人たちに対して、「居場所」で提供してきた「生きる力」「社会とつながる力」の育成の継続を、誰がどのような方法で実施するのか、新たな支援の方法の構築が必要である。

被災地である福島に、そして被災地とそれ以外に温度差が生まれている。また、被災自治体や市民団体の努力に支えられ「学習支援」や「遊び支援」が実施されてきたものの、社会的支援の縮小、福島原発事故問題の風化などの理由から、しだいに学生ボランティアなどが集まらなくなってきている。避難している人たちが抱えている困難をどのように把握し、社会に伝えるか、多様になっている避難者のニーズをどのように束ね支援するかが課題であると結論づけた。

一見すると、温度差や無理解が「悪い」ということで終わってしまう。しかし、温度差があることは、当然のことだ。むしろ、温度差を肯定して、そこに新たな人の交流や意見交換をつくり出すことが重要だろう。思いをぶつけ合うことをあきらめることの方が問題ではないだろうか。

悲惨な経験だとしても、その風化は避けられない。阪神・淡路大震災などの過去の震災や災害の経験も同じことを教えてくれる。被災地福島に必要なのは、さまざまな意見の違いや、気持ちの温度差があることを認めながら、そこに対流を生むしかけをつくることだと思う。これから必要なのは、イベントやお祭りのような一時的な盛り上がりではなく、持続的な事業として人々が学び合い、交流し合うことだと考えている。震災を経験した福島から、被災した子どもたちの困難や支援の課題を発信し、共有化できることを期待している。

第II部

阪神・淡路大震災と
チェルノブイリ原発事故
から考える

社会的支援の縮小・住宅政策の問題点と課題

第4章

「借上公営住宅」の強制退去問題を考える

出口俊一

はじめに

　阪神・淡路大震災の被災地で浮上した「借上公営住宅」問題は、①法制度上、②契約上、③信義則上、④財政上、⑤復興政策上、⑥人権・人道上、⑦入居者や民間家主の意向・実態などさまざまな角度から検討しなければならないと考える。本問題が表面化して以来この8年近く、筆者ら兵庫県震災復興研究センターは、調査・研究と実践を重ね、歴代の神戸市長や兵庫県知事宛の「請願書」「要請書」提出と交渉、神戸市議会宛の「陳情書」提出と意見陳述、シンポジウムや集会の開催、新聞紙上での意見表明、書籍（『大震災20年と復興災害』など）・資料にまとめるとともに、署名活動や裁判傍聴にも取り組んできた。

　当事者である入居者の努力と支援者の活動は今、全国に広がりつつあるが、今日に至るも神戸市や西宮市を中心に「借上公営住宅」の強制退去という誤った政策が継続され、入居者に退去を求め裁判まで起こしている。

　そこで、この重大な「借上公営住宅」問題についてこの間の研究と実践を踏まえ、経緯を整理するとともに改めて問題の分析と解決の方向を考えたい。

1　「借上公営住宅」とは

　　借上公営住宅は、民間事業者等が建設・保有する住宅を借り上げることにより供給される公営住宅であり、平成8年の公営住宅法（昭和

26 年法律第 193 号）の改正において、それまでの公営住宅の供給方式である直接建設方式に加え、民間住宅ストックを活用した公営住宅の供給方式として導入された制度である。

　この民間住宅の借上げによる公営住宅の供給方式は、近年の公営住宅の供給に係る以下のような課題に対応するために有用な手法であると考えられる。

　①建設費等の投資の軽減による効率的な公営住宅供給

　②ストックの地域的偏在の改善

　③地域の公営住宅需要に応じた供給量の調整

（国土交通省住宅総合整備課「既存民間住宅を活用した借上公営住宅の供給の促進に関するガイドライン（案)」2009 年 5 月）

　阪神・淡路大震災（大震災）の翌年 1996（平成 8）年 4 月に導入された借上公営住宅は、2010 年 12 月末時点で、兵庫県内 5 市と大阪府豊中市の 7633 戸になった。全国における同住宅の数は、制度導入から 12 年経った 2008 年度末時点で全国の公営住宅の 1%、2 万 2000 戸にとどまっている。

　大震災被災地における 2018 年 1 月末時点での入居戸数は、全体で 2411 戸に減っている。内訳は、兵庫県が当初 3120 戸（UR）⇒ 950 戸、神戸市が当初 3805 戸（UR、公社、民間）⇒ 1268 戸、尼崎市が当初 120 戸（UR）⇒ 84 戸、西宮市が当初 447 戸（UR）⇒ 37 戸、伊丹市が当初 42 戸（民間）⇒ 42 戸、宝塚市が当初 30 戸（UR）⇒ 30 戸、大阪府豊中市が当初 69 戸（UR）⇒ 0 戸（UR）となっている。

　神戸市は、「震災復興公営住宅の大量供給の必要性からの臨時的措置であること、その後の住宅困窮者とのバランス（公平性）、市の財政負担の拡大などを考慮すれば、制度上の期限である 20 年で返還することを原則とすべきである」と言明し（2013 年 3 月 15 日）、2016 年 1 月末に「20 年」の期限を迎えた 3 人の入居者に対し、①明け渡しと②損害賠償を求め神戸地裁に提訴した（2016 年 2 月 16 日）。その後、西宮市が入居者 7 人（神戸地裁尼崎支部）、神戸市が第 2 次として、入居者 4 人を提訴し（2016 年 11 月 14 日）現在までに数回の口頭弁論が行われてきている。

　このように神戸市・西宮市、兵庫県は 20 年の契約期間が終わるという理

表 4-1 「借上公営住宅」に関する各自治体の方針

	要介護3-5	重度障害	85歳以上	80-84歳		75-79歳		75歳未満		その他	継続入居の割合	入居戸数（上段）2014年2月（下段）2018年1月末
				介護1-2障害中度	その他	介護1-2障害中度	その他	介護1-2障害中度	その他			
宝塚市	継続入居										10割	30 / 30
伊丹市	継続入居										10割	39 / 42
兵庫県	継続入居			判定委員会の判定により一部継続入居				転居		転居	約6.5割	1,538 / 950
神戸市	継続入居		予約制期限猶予		転居	予約制期限猶予	転居	予約制期限猶予	転居	転居	約3.6割	2,227 / 1,268
尼崎市			継続入居（28世帯）			介護3-5 障害・重度は継続入居（19世帯中、介護1-2と障害・中度を省く）		介護3-5 障害・重度は継続入居（45世帯中、介護1-2と障害・中度を省く）		特別な事情がある場合は継続入居	3割以上要件に合致する世帯いかんで割合は増える	111 / 84
西宮市	予約制最大5年の期間中、登録した住宅が空き次第移転			期限内に転居							0割	348 / 37
豊中市	期限内に転居										0割	232 / 0
合　計												4,525 / 2,411

2018年1月末現在。兵庫県震災復興研究センター作成。

由で転居を迫り、実行に移している。被災者の声も聞かないままに立ち退きを迫るのは、被災者の健康や安心、そして幸福を脅かす基本的人権の侵害である。

　一方、宝塚市は2010年12月、いち早く全員の継続入居を公表し、伊丹市は2012年度、全員の継続入居を決定した。

2　強制退去策の先頭を走った神戸市の「第2次市営住宅マネジメント計画（案）」

　本問題の発端となったのは、「神戸市すまい審議会」に諮問されていた「第2次市営住宅マネジメント計画（案）」（以下、「計画（案）」）であった。

2010年5月19日夜、借上公営住宅入居者の方から兵庫県震災復興研究センターの事務所に問い合わせの連絡があった。「何年か先にいま住んでいる市営住宅を出ていかんとあかんようになるみたいですが、本当ですか。本当だったらどうしようかしら……」と。調べてみると、同年4月末に発表された「計画（案）」の中に、「入居者の住み替えや一般募集への影響などに留意しながら所有者への返還を進めていく」（p. 19）と記されていた。

　「計画（案）」は神戸市が「効果・効率性を考えながら長期的な視点での再編・改修と適切な維持管理を着実に実施するとともに、それらを支える健全な市営住宅会計を確立していくことにより、良好な住宅ストックの確保と活用を図り、住宅セーフティネットの中で求められる役割を果たしていくことを目指して」（p. 1）策定したものである。

　「計画（案）」の「3項目の基本方針」（p. 18）は、次のようになっている。

〔基本方針1〕
　「できるだけ長く使う」ことを基本とする一方、将来を見据え、適切な質・戸数の確保、市営住宅会計の収支、コスト、まちづくりなど総合的な観点から、改修・更新時期を迎える住宅について、改修・建て替え・廃止をバランスよく行っていく。

〔基本方針2〕
　高度成長期の大量ストックの更新時期と震災時の需要増に対応した借上住宅の返還時期を迎え、管理戸数については、将来を見据え、円滑な縮減を図る。

〔基本方針3〕
　将来にわたって、住宅セーフティネットの中で市営住宅に求められる役割を果たしていくために、マネジメント計画を通じた健全会計の確保を図る。

　「計画（案）」の具体的な内容をみると、「被災者世帯の減少にあわせた震災前水準への収束を意識しながら円滑な縮減を図り、当計画期間中に46,000戸程度とする」（p. 20）とし、今後10年間で7000戸減らすということである。「入居者の住み替え」とさらりと記されているが、「住み替え」を何度も

第4章　「借上公営住宅」の強制退去問題を考える　　95

強いられることは被災者にとって大きな心理的圧迫となり、悪影響が懸念され、「居住の安定の確保」（住生活基本法第6条）にはならないことを考えておかなければならない。

また、「健全な市営住宅会計を確立」（p.1）、「会計の健全化が不可欠」（p.15）、「健全な会計の達成」（p.18）、「会計の健全化を図っていく」（p.20）、「健全な市営住宅会計を確保していく」（p.28）と、最初から最後まで「会計の健全化」という言葉で貫かれている。つまり、入居者の居住権を保障するというよりは「戸数縮減⇒会計の健全化」に偏重した計画になっている。「健全な会計」という誰も否定できないことを錦の御旗にすることで、必要な住宅の戸数の縮減がなされ入居者の居住権が侵害されるような事態がもたらされるのなら、それは、本末転倒と言わざるを得ない。

3 歓迎されて導入された借上公営住宅

先述したように「借上公営住宅」は、自治体（供給者）の都合でなされたもので、被災者が好き好んで、というよりは一日も早く仮の住まいから恒久住宅に移りたいとの思いで、とにかく入居したものである。

国の勧めもあって、大震災の被災地で初めて導入された「借上公営住宅」は当初、歓迎されていた。神戸市などの公式文書や幹部の発言は、以下に示すようにいずれも「借上公営住宅」方式が推奨されたものばかりである。20年経たずに問題が発生するというのは、制度に問題があるのか、運用に問題があるのかいずれかだ。

民法1条2項には信義誠実の原則「権利の行使及び義務の履行は、信義に従い誠実に行わなければならない」というのがあるが、この原則に照らして考えると、「よかった、よかった」と言っておいて20年経ったら追い出すことは、信義にもとり法律に違反することである。

> ○「民間活力の利用によって、住宅復興はようやく軌道に乗ったといえるのではなかろうか。なかでも画期的制度が借上公営（民借賃）で、平成8年4月1日から施行された」
>
> （元神戸市幹部の髙寄昇三著『阪神大震災と住宅復興』1999年5月）

96　　第Ⅱ部　阪神・淡路大震災とチェルノブイリ原発事故から考える

○「借上、買取公営住宅は、地域のなかでまちづくりと一体となって実現されたものであり、居住者にとっても地域のつながりを確保できる住宅供給となっている。こうした事例は、先の直接供給される公営住宅を補完するものとして十分に評価されよう。……今後、……充実させていくことが求められる」

（神戸市震災復興総括検証研究会『すまいとまちの復興、総括検証／報告書』
2000年3月）

○当時の金芳外城雄生活再建本部長も被災者団体との間で、「とにかく入居してほしい。20年先のことは悪いようにはしない。誠実に対処していく」と表明していた。筆者らとの2010年6月24日の神戸市交渉の席上でも、北山富久住宅管理課長（当時）は「当時の金芳外城雄生活再建本部長からそのことは聞いている」と表明。同課長と住宅整備課主幹は、「今後、個々の世帯に通知するが、あらゆる可能性を尽くす」「（被災者への不安を生じさせないようにという要望には）誠意をもって対応する」と表明していた。

○2014年1月12日付「神戸新聞」より

「初期投資が抑えられる借上方式がなければ、住宅の供給は難しかった」

震災から6年間、神戸市住宅部長を務めた坂本幸夫さんは振り返る。

だが、入居の際、行政が20年後の退去を丁寧に説明した形跡はない。

計4回行われた「一元化募集」の要項にも20年経過する時は公団と新たに契約を締結していただきますと小さく書かれているだけだ。

入居者は話す。

「全く知らなかった」（神戸市長田区、65歳女性）／「仮設に神戸市の人が何度も説明に来たが、ほかの公営住宅との違いについて説明はなかった」（同市兵庫区、72歳男性）／「20年後の退去を知っていたら応募していない」（西宮市、68歳男性）

行政は当時、どのような説明をしていたのか。神戸市の元幹部は

打ち明ける。

　「一刻も早く仮設住宅を解消するのが最大の目的だった。庁内で返還問題を議論したことはないし、明け渡しの義務を入居者に説明していたかといえばノーだ。募集要項に一文書いているからといって契約を強調するのは、当時を知る者としては無理がある」
さらに続ける。

　「だから4年前、神戸市が退去方針を打ち出した時は驚いた。ほんまにやるの？　と」

（神戸新聞「借上復興住宅　20年目の漂流②　元幹部の証言」木村信行、
2014年1月12日）

（※下線部は筆者による）

4　「借上公営住宅」はなぜ20年間であったのか

　そもそも「借上方式」がスタートした1996年時点では法制度上の制約、すなわち民法604条1項「賃貸借の存続期間は、20年を超えることができない。契約でこれより長い期間を定めたときであっても、その期間は、20年とする」があったが、1999年、借地借家法29条2項「民法604条の規定は、建物の賃貸借については、適用しない」（平成11法153本項追加）という改正により、「20年の期限」を超えることが法制度上、可能になった。

　この問題で筆者は、担当の国土交通省住宅総合整備課と3回（2010年10月4日、12月9日、12月20日）、そして兵庫県住宅管理課（同12月21日）と神戸市住宅整備課（同12月24日）とそれぞれに、「法制度上可能である」との確認を行った。

　にもかかわらず神戸市は、公営住宅法17条2項「国は、……事業主体が災害により滅失した住宅に居住していた低額所得者に転貸するため借上げをした公営住宅について、……5年以上20年以内で政令で定める期間、……補助するものとする（公営住宅の家賃に係る国の補助）」となっていることを根拠として示した。だが、これは、国の補助期間の規定であり、この点について国土交通省は、「補助期間の延長については、協議に応じる」姿勢を明らかにしているので、全く問題はないのである。

第Ⅱ部　阪神・淡路大震災とチェルノブイリ原発事故から考える

唯一の根拠であった法制度上の制約はなくなっており、だからこそ、宝塚市や伊丹市は居住継続を決めることができ、神戸市や兵庫県も 2013 年 3 月、一部ではあるが居住継続の方針を発表することができたのである。

神戸市や兵庫県は、「期限通りに返還する原則」とか「移転を求める基本方針」と標榜しているが、いずれも法制度上の根拠は失っているにもかかわらず、誤った政策・方針を頑なに堅持している。したがって、これは神戸市長や西宮市長、そして兵庫県知事が政策の変更をすれば、ただちに解決できる問題である。

5　入居者の現状

1）入居者の声

2010 年 9 月から 10 月にかけて、兵庫県震災復興研究センターの事務所に次のような入居者の声が寄せられた。

- 避難所や仮設住宅を転々としたが、居住の権利が守られていると感じたことが少ない。
- 10 年少し暮らしてやっと地域のコミュニティができてきたのに……。
- 20 年の期限が来るのはあと 9 年も先のこと。もうこの世におらんわ……。市役所にものを言いたいが、そんな元気もない。むごいことするなあ。弱いもんイジメそのものや。
- 神戸市のパンフレット（「第 2 次市営住宅マネジメント計画のお知らせ」）が配られた 9 月から動揺が広がり、不安が生じてきた。
- 死ぬまでここにおれると思った。
- 83 歳にもなって、引っ越しは無理だ。このままここにいたい。
- 80 歳以上になって、遠くに行けということは「早く死ね」ということではないか。
- （途中入居の人は）「20 年」という期限を聞いていない。
- 10 年かかって、ようやく住民同士の絆ができてきた。
- 神戸市からは一片の紙（第 2 次市営住宅マネジメント計画のお知らせ）

だけが送られてきた。そんな一片の紙で、築いてきた絆が断ち切られようとしていることは、大変なことだ。コミュニティが神戸市の手によって壊されようとしている。1997年7月末にポートアイランド第6仮設住宅で起きた神戸市による給水停止による孤独死事件を想い起こさせる。今後、自分たちの意見を神戸市に伝えるようにしていきたいと考えている。

　同年の年末から年始にかけて神戸市内の借上公営住宅の全戸に配布したビラ（「「借上公営住宅」にお住まいのみなさまへの重要な情報です」兵庫県震災復興研究センター発行）をご覧になった入居者の方から電話やメール、来訪での相談が相次いだ（2011年1月24日までに17人、その後2013年6月5日までに47人）。2011年1月6日夜に寄せられたメールには次のように記されていた（▷は入居者からのメール、▶はセンター事務局からの返信内容）。

　　▷相談があります。HAT神戸脇浜海岸通の公団借り上げ住宅の住人です。チラシが入っていたので教えて欲しいのです。去年11月29日に神戸市の説明会があり、12月5日までにアンケート結果の提出期限となっていて、書類を提出してしまっているので今回の内容の訂正が出来ません。どうしたら、いいのでしょうか。

　　▶何らご心配の必要はありません。借上住宅を担当しています神戸市住宅整備課のT・N係長かG・M主査に電話をされて、口頭で訂正をされたらいいです。住宅整備課の方が、書き直した方がいいということでしたら、「アンケート用紙をもう1回送って下さい」と伝えられたらどうでしょうか。電話番号は、○○○です。基本は、入居者の方の「意思や気持ち」が尊重されるかどうかです。

　　▷早々の返信ありがとうございました。安心できました。団地内はお年寄りの方が多く、毎日不安な日々を過ごされています。全く先の見えない、これからの立ち退き後の人生を考えると、眠れなく、自殺も考えてしまうとか。生活保護を受けているお年よりは、何をしたらいいのかもわからず、福祉からの連絡もなく、誰に聞いていいのかわからない状態です。ここで、終の棲家と思っているし、引っ

100　　第Ⅱ部　阪神・淡路大震災とチェルノブイリ原発事故から考える

越しなんて一人でできないと。震災被災者にまだ追い討ちをかける
神戸市が許せません。

2) きわめて高い高齢化率

2010年11月26日、数種類の情報公開請求を行い、12月8日、情報が公
開された。その中の一つ「区別の借上住宅管理状況」（2010年10月末現在、神
戸市住宅整備課）は、**表4-2**の通り。

入居者5172人のうち、65歳以上は2909人（56.2%）。このデータも「神戸
市すまい審議会」には提出されていなかった。このデータを明らかにすると
「住み替えてください」という神戸市の方針を決めにくいとでも考えたので
あろうか。

6 神戸市のやり方はルールと常識に適っているのか

1) 陳情書への対応

2010年10月20日、神戸市議会都市消防委員会において「借上公営住宅」
問題で継続入居を求める陳情書に関する意見表明が行われ、結果は「審査打
ち切り」となった。

各会派の意見表明は、次の通り（表明順）。

民主党：陳情者の心情はわかるが、「打ち切り」

公明党：当局がアンケートを実施し、きめ細かくすると言ってるので、
「打ち切り」

自民党：陳情の趣旨はわかるが、「打ち切り」

共産党：20年の借上期間の延長、オーナーとの協議などすべき。「採
択」

たちあがれ日本：当局が努力をするということを了解する。「打ち切り」

そして、神戸市議会から送られてきた「通知」文書には、理由として、
「借上住宅の住み替えに当たっては、今後、入居者に対して、説明会やアン
ケート調査を実施した上で、個別の希望や事情に配慮し、きめ細やかな対応
に努めるとの姿勢が市当局より示されたため」（神戸市会議長 荻阪伸秀「陳情
の審査結果について」（通知）2010年10月29日付）とあった。

第4章 「借上公営住宅」の強制退去問題を考える 101

表 4-2　神戸市の借上住宅管理状況（区別）

① 2010 年 10 月末現在（管理戸数は同年 3 月末現在）

区	管理戸数	入居戸数	年齢別入居者数															高齢化率
			合計	0～19	20～24	25～29	30～34	35～39	40～44	45～49	50～54	55～59	60～64	65～69	70～74	75～79	80～	
東灘	117	111	148	8	4	2	3	7	3	4	4	9	17	9	16	22	40	58.8%
灘	276	255	398	48	5	12	14	23	22	14	15	21	37	46	47	45	49	47.0%
中央	552	519	669	39	7	6	14	22	23	18	16	24	77	93	104	100	126	63.2%
兵庫	1126	1071	1478	119	17	22	45	52	38	34	45	62	160	203	187	221	273	59.8%
長田	1168	1096	1688	182	47	32	47	70	59	71	54	100	183	212	231	179	241	51.1%
須磨	486	466	710	60	25	10	22	22	13	16	23	45	70	71	101	81	151	56.9%
北	80	74	81	2	0	2	0	1	2	1	1	7	4	16	9	14	22	75.3%
合計	3805	3592	5172	458	105	86	145	197	160	158	158	268	528	650	695	662	902	56.2%

区	管理戸数	入居戸数	65歳以上単身世帯数					単身高齢世帯率
			合計	65～69	70～74	75～79	80～	
東灘	117	111	68	7	13	14	34	61.3%
灘	276	255	121	25	30	32	34	47.5%
中央	552	519	308	65	72	73	98	59.3%
兵庫	1126	1071	587	123	122	145	197	64.8%
長田	1168	1096	510	115	128	108	159	46.5%
須磨	486	466	243	38	59	51	95	52.1%
北	80	74	56	15	8	12	21	75.7%
合計	3805	3592	1893	388	432	435	638	52.7%

② 2015 年 6 月末現在

区	管理戸数	入居戸数	年齢別入居者数															高齢化率
			合計	0～19	20～24	25～29	30～34	35～39	40～44	45～49	50～54	55～59	60～64	65～69	70～74	75～79	80～	
東灘	111	63	85	3	2	2	1	1	3	5	1	2	9	11	8	6	31	65.9%
灘	268	168	291	53	2	10	11	15	16	13	10	11	15	23	26	31	50	44.7%
中央	421	314	414	24	11	8	8	7	20	17	8	13	18	49	61	61	109	67.6%
兵庫	986	619	908	111	23	24	22	38	36	32	29	25	40	99	123	105	201	58.1%
長田	1096	765	1255	178	41	37	38	56	68	45	54	45	73	113	145	161	201	49.4%
須磨	439	328	503	62	10	13	12	23	20	9	20	16	29	53	53	67	113	56.9%
北	80	44	47	59歳以下3名									5	2	12	6	19	83.0%
合計	3401	2301	3503	431	97	94	92	140	163	121	122	112	189	350	428	437	724	55.4%

区	管理戸数	入居戸数	65歳以上単身世帯数					単身高齢世帯率
			合計	65～69	70～74	75～79	80～	
東灘	111	63	41	8	7	5	21	65.1%
灘	268	168	75	11	13	16	35	44.6%
中央	421	314	210	31	50	41	88	66.9%
兵庫	986	619	364	69	75	66	154	58.8%
長田	1096	765	360	59	82	87	132	47.1%
須磨	439	328	189	26	35	45	82	57.3%
北	80	44	36	1	12	5	18	81.8%
合計	3401	2301	1274	205	274	265	530	55.4%

出所：神戸市住宅整備課資料（2010 年 12 月 8 日付および 2015 年 7 月 17 日付、情報公開資料）

筆者はその後、3ヵ月余りの期間、入居者の声を聴くなどの調査と情報公開請求を行い、それらの現状を踏まえて2回目の「陳情書」を2011年2月10日に提出した。以下は、その時の「陳情書」の一部である。

　　神戸市の矢田立郎市長（当時）は、「借り上げ復興住宅は、大災害の中で市としてあらゆる手を尽くして確保したもの。返還の契約を守るべきだ」（「産経新聞」2010年11月30日付）と神戸市議会で答弁し、「契約がある以上、返還するのが前提だ」（「神戸新聞」2011年1月14日付）との見解を表明していた。
　　契約の内容を守ることは当然のことであるが、いったん契約を交わしたら、その内容は不変なのであろうか。契約の当事者双方が合意をすれば変更可能なのが契約というものである。当時の矢田市長の意見は、契約の常識を踏まえているとは言えないものであった。

2）神戸市と事業者

2010年8月12日、筆者は「借上公営住宅」の所有者（神戸市住宅供給公社、UR、民間）と神戸市とのそれぞれの契約書を、情報公開請求にて入手した。

当然のことながら、契約書には「借上期間終了後の取扱い」が明記されている。「20年の期限」は契約しているが、それが絶対ではない。当事者間で協議すれば済むことである。たとえば、URとの契約第4条2項には次のように記されている。

「借上住宅入居者が借上満了日若しくは用途廃止日以降も継続して居住することを希望し、かつ、甲（UR）が定める入居資格を有するときは、甲（UR）は、当該者との間で甲（UR）の定める賃貸借契約を締結する」。

このように、「20年の期限」は絶対ではなく、「期限延長」は可能である。神戸市住宅供給公社や民間家主とも同様の内容になっている。

ところが、神戸市はそれを脇に置いて「20年の期限」のみに限定して「住み替え」を提示していた。「神戸市すまい審議会」（2009年9月～2010年6月）においても、また2010年8月中旬から神戸市営住宅に配布されたパンフレット「第2次市営住宅マネジメント計画のお知らせ――安全・安心・安定をめざして」の中にも、「20年の期限」のことしか示されていなかった。

ある「神戸市住まい審議会」の委員は、「契約の内容は知らなかった」と述懐していた。

契約に基づけば、「20年の期限」の延長も「借上公営住宅」の買い取りなども可能である。後述するが実際、2014年1月、神戸市は12団地551戸の「UR借上住宅」を買い取ると発表した。

3）民間家主（オーナー）の意向

調査結果（資料4-1）は2010年12月9日、情報公開請求にて入手したものである。神戸市は2007（平成19）年6月、民間家主（オーナー）にアンケート調査をしていたが、結果を伝えていなかったし、「借上公営住宅」問題を審議した「神戸市すまい審議会」にも報告していなかった。

全オーナー86人のうち83人（96.2%）のオーナーが、契約の継続を求めていた。当時の矢田市長は「返還するのが前提だ」と主張していたが、契約の相手方である民間家主の意向を踏まえての主張だったのであろうか。

4）神戸市と入居者

神戸市と入居者との契約書にあたる「神戸市営住宅入居許可書」は、3種類ある。そのうち最初の数年間は、下記の「許可書」（資料4-2）を使用していた。この「許可書」には「借上期間」が明示されていない。したがって、この「許可書」での入居者は、他の公営住宅入居者と同様、期限がないということである。

2011年1月13日、情報公開された資料（表4-3）によると、期限の明示がない「許可書」は、432戸（11.3%、当時）あった。少なくとも、この432戸は、「契約を重んじる」神戸市の言う3805戸の「借上公営住宅」から除く必要がある。

2014年1月13日付の「神戸新聞」は、次のように報じた。

　　　不可解な公文書がある。
　　　神戸市営住宅入居許可書。ピーク時で約4千戸に上った借上住宅の当選者に神戸市が発行したものだ。
　　　2010年夏、市が入居者に返還を求める「お知らせ」を送った直後、

民間借上賃貸住宅オーナーへのアンケート調査結果について

1. 概　要

　　20年間の借上げ期間で民間オーナーから神戸市が借り上げている住宅について、契約期間の中間点である10年目を迎える時期となったことから、契約期間満了後の対応を検討する参考として76住宅1,527戸のオーナー86人を対象に平成19年6月5日付で調査票を発送してアンケートを行った。

2. 結　果

　ア．回収率　　91.9%(71住宅1,412戸のオーナー79人から回答)6月末日現在

　イ．質問への回答　(注：複数オーナーの住宅があるため、住宅数の合計に誤差が生じる)

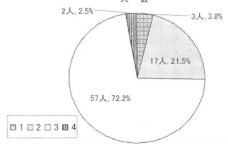

		人数		住宅数		戸数	
1	契約どおり、必ず返還して欲しい	3人	3.8%	4住宅	5.3%	66.5戸	4.7%
2	基本的には返還して欲しいが、神戸市が必要とするのであれば、引き続き借上市営住宅として契約しても良い	17人	21.5%	17住宅	22.7%	305戸	21.6%
3	引き続き、借上市営住宅として契約して欲しい	57人	72.2%	52住宅	69.3%	1,013.5戸	71.8%
4	その他	2人	2.5%	2住宅	2.7%	27戸	1.9%
	合　　計	79人	100.0%	75住宅	100.0%	1,412戸	100%

※　戸数の端数は複数オーナー分を持分で計上しているため。

- 引き続き借上げる場合の条件として、家賃の値上げを希望するが16人(16住宅265戸)、契約条件の最低でも現状維持というのが11人(13住宅206戸)あった。

- 自由意見として、今回のアンケートの選択肢になかった、神戸市の買取希望が1人(1住宅23戸)、できれば買い取って欲しいという回答も1人(1住宅24戸)あった。

資料4-1　民間借上賃貸住宅オーナーへのアンケート調査結果について

（神戸市住宅局用）

控

（特別市営住宅用）
借上型従前居住者用住宅
特定借上賃貸住宅

神戸市営住宅入居許可書

許可番号 [redacted]

[redacted] 様

平成 8年 1 月31 日

神戸市長

平成 8年 1 月31 日付けで申請のあった神戸市営住宅の入居については，平成 8年 1 月31 日付けで提出のあつた神戸市営住宅使用証書に記載された事項を遵守することを条件に次のとおり許可します。

1　住宅名　[redacted] 住宅 [redacted] 棟 [redacted] 号室

2　入居者

氏名	続柄	生年月日	勤務先及び所属名（電話）又は学校名及び学年	備考
[redacted]	本人	[redacted]	[redacted]	
[redacted]	[redacted]	[redacted]		

3　入居指定日　　平成 8 年 2 月 5 日

4　家賃　月額 [redacted] 円。ただし，家賃については入居者からの申請により次のとおり助成を行うことができます。

(1)　助成は，家賃と入居者負担額（別表参照）との差額を当該家賃から減額することにより行います。

(2)　助成を受けようとする者は，毎年市長の指定する日までに入居者（同居者を含む。）の収入を記載し，当該収入を証明する書類を添付して申請しなければなりません。

(3)　収入が基準額を超える入居者については，神戸市営住宅条例（昭和35年4月条例第12号）及び神戸市営住宅条例施行規則（昭和35年4月規則第9号）に基づき助成額を減額し，又は助成を打ち切ります。

5　敷　金　[redacted] 円（家賃の3月分）

市営住宅を立ち退くときに還付します。ただし，未納の家賃，割増賃料又は損害賠償金があるときは，敷金のうちから控除します。

6　その他の注意事項

(1)　本書は，先に提出のあつた神戸市営住宅入居許可申請書（写し）及び神戸市営住宅使用証書（写し）とともに市営住宅に入居中大切に保存し，市営住宅を返還するときは，本書と神戸市営住宅使用証書（写し）を提出してください。

(2)　市営住宅への立入検査を行うときその他必要のあるときは，本書の提示を求めることがあります。

(3)　本書を改ざんし，又はき損したときは，無効です。

(4)　本書を他人に譲渡し，又は貸与することはできません。

(5)　本書を紛失したときは，直ちに届け出てください。

資料 4-2　1996 ～ 2008（平成 8 ～ 20）年頃まで使用の「神戸市営住宅入居許可書」

表 4-3　市営借上住宅入居許可書一覧（2010 年 11 月末現在）

空家	期限なし	期限付	合計
224	432	3,149	3,805

出所：神戸市住宅整備課資料（2015 年 7 月 17 日付、情報公開資料）

慌てた入居者が契約書類を確認した。すると、許可書に借上期間の項目がなかったり、空欄になったままだったりする書類が多数、混じっていたのだ。

「どういうことか」。阪神・淡路大震災の復興課題を検証する民間団体「兵庫県震災復興研究センター」の出口俊一事務局長が疑問を抱き、神戸市に情報公開請求した。こんな結果が出た。

期限の記載あり　　3149 件

記載なし　　　　　432 件

兵庫県の書類も確認すると、全ての許可書に期限の項目自体がなかった。西宮市も同様だった。

神戸市の矢田立郎市長（当時）は 11 年 3 月の市議会予算特別委員会で「震災のどさくさで混乱があった」と不備を認めている。

「正直、驚いた。契約を根拠に退去を迫る行政自身が、契約をないがしろにしていたのだから。少なくとも、入居許可書に期限の記載のない人には退去を求められないはずだ」と出口さんは指摘する。

09 年 12 月。神戸市の重要な住宅政策を民間の有識者が議論する「すまい審議会」の議事録にこんなやりとりが残っていた。すでに震災から 14 年が過ぎている。

部会長　　　（20 年の借上期間を）入居者は契約時にご存じなんですよね。

住宅部長　ご存じないと思います。

部会長　　契約時に期間を知らせるのは当然、必要なことではないですか。

住宅管理課長　募集の中で、この住宅は 20 年の借り上げですよ、とはお知らせしています。ただ、出てくださいとは言っておりません。

第 4 章　「借上公営住宅」の強制退去問題を考える　　107

当時、住宅部長だった中川欣哉西区長は振り返る。

「市は当初から退去方針を決めていたわけではなく、あのころはまだ政策の形成過程だった。だから、借上期間を延長する可能性もあった」

出口さんは話す。

「神戸市は、あたかも「20年後の返還は契約時から決まっていた。だから退去は当然」という姿勢で市民に説明しているが、実は神戸市自身、課題を先送りしていたんです」

いつ返還にかじを切ったのか。

（神戸新聞「借上復興住宅　20年目の漂流③」木村信行、2014年1月13日）

7　公平性を欠く自治体の政策

「借上公営住宅」問題の議論のなかで繰り返し「優遇策」とか「公平性」という言葉が出てくることがある。

1）神戸市会議員の意見

筆者が事務局を担当する兵庫県震災復興研究センターが2013年2月13日に提出した「希望するすべての「借上公営住宅」入居者の居住継続を求める陳情書」について、2013年2月21日に開かれた神戸市会都市防災委員会での審査・意見決定では、市議会議員からことさら「公平性」が持ち出された。

各会派の意見決定は、次の通りである（表明順）。

民主党：継続入居は、公平性の観点から問題。神戸市は、きめ細かい
　　　　住み替え策をとっているから、審査打ち切り。

自民党：神戸市は、専門家の懇談会を実施している。継続入居は、問
　　　　題。審査打ち切り。

公明党：神戸市は、専門家の意見を聞こうとしている。継続入居は、
　　　　気持ちはわからないではないが、①公平性の問題、②財政負
　　　　担の点から問題。審査打ち切り。

日本共産党：採択。

自民党神戸：会派の考え方は、神戸市の考え方と共通している。要援護者に配慮は必要。審査打ち切り。

みんなの党：懇談会の公開を強く要望する。公平性の観点から問題。不採択。

住民投票☆市民力：多くが「公平性」を言うが、世の中に公平なものがあるのか。期限のない一般の市営住宅と比べて不公平になっているではないか。採択。

　※新社会党は、会派２人ゆえ、委員が不在。

2）「神戸市借上市営住宅懇談会」委員の意見

　一方、「神戸市借上市営住宅懇談会」での各委員（学者、弁護士）の意見とまとめは次の通りである。

安田丑作座長（神戸大学名誉教授）：公平性の面でも、公営住宅に入居を希望しても全ての方が入れる訳ではなかった（2013年1月21日）。

大内麻水美委員（弁護士）：税金を出している一般市民や他の住宅困窮者との関係でも不公平感が出てくる。震災の被災者というだけで、通常の住宅困窮者よりも特別に優遇を受けていると言っても、その時はやむを得ないと思うが、一定の時間が過ぎれば、当然、通常の低所得者や住宅困窮者と同じ基準で見ていっていいはずのもの。いつまでも特別扱いするのは逆差別というか不公平ではないか（2013年1月21日）。

松原一郎委員（関西大学社会学部教授）：報道を見ていると、「被災者が復興できていない、その人達に動けというのは気の毒ではないか」という論調が、テレビでも新聞でも出ている。ある種のセンチメンタリズムになっている。誰かと比べて、とか、何かと比べて、とかそういった相対的な公平性の議論ではなく、この人達がどうか、ということだけになっている。今の制度で誰が得をしているのか。オーナー、行政、納税者、入居者、誰が得をしすぎているのか。移転によって誰が損をするのか、どんな損害を被るのか。皆が納得する方法はない。なぜ移転したくないのかの分析がない。

お金の使い方がおかしいのではないか、という意見が出てきた時にどうするか、被災者ということを引きずって、なおかつ高齢者にこれだけ手厚くできるのか、といった意見に耐えうるものか。

メディアもポピュリズムに流されているが、それがジャーナリズムとして本当によいのか？（2013年1月21日）

［論点とまとめ］

震災復興公営住宅の大量供給の必要性からの臨時的措置であること、その後の住宅困窮者とのバランス（公平性）、市の財政負担の拡大などを考慮すれば、制度上の期限である20年で返還することを原則とすべきである（2013年3月15日）。

3）『兵庫県借上県営住宅活用検討協議会　報告書』（2013年3月）

住み替え困難と申告する入居者全てに継続入居を認めることは、県の財政負担が過大になることや、自力で住宅再建した被災者や一般県民との公平性の点で問題があることから、一定の「継続入居を認める要件」を検討する必要がある（2013年3月14日）。

「その後の住宅困窮者」（神戸市）とか「自力で住宅再建した被災者や一般県民」（兵庫県）と比べ公平性の点で問題があるとしているが、「その後の住宅困窮者」や「自力で住宅再建した被災者」には、それとして方策を講じなければならないことであり、「借上公営住宅」と比べること自体が誤っている。

神戸市の文書ではこれまでも「その後の住宅困窮者」との比較をしたことがあるが、「その後の住宅困窮者」に神戸市は独自の施策をしたのであろうか。兵庫県震災復興研究センターは、大震災5年の時点（2000年1月）で、「二重ローンの被災者に公的支援を」と神戸市に提言したことがあるが、神戸市は「現行の制度ではできません。復興基金の方に求めてください」と極めて冷淡な姿勢であった。

「その後の住宅困窮者」と比較して公平性を欠くというのは、何もしてこなかった無策を吐露しているのである。

また、これまで公平性のことで兵庫県震災復興研究センターが指摘してき

たことに、①期限のない復興公営住宅の入居者、②年齢や障害の有無などによる線引き、③住んでいる自治体による違い、神戸市営（UR、民間など）は85歳、兵庫県営（UR）は80歳以上が継続居住可能、宝塚市や伊丹市は全員継続居住可能、④神戸市営のUR住宅の一部の買い取りなどがある。それらの状況と比較すれば明らかに不公平が生じているが、このことについて神戸市は、黙して語らずの姿勢である。

大震災からの復旧・復興プロセスを振り返れば、神戸市や兵庫県が「その後の住宅困窮者」や「自力で住宅再建した被災者」にどのような復興施策を講じたのかは、寡聞にして知らない。

8　借上料 ── 神戸市「第2次市営住宅マネジメント計画」の説明と実際

兵庫県も神戸市も口を揃えて「財政負担が過大になる」とか「20年間優遇されてきた」かのように言うことがあるが、そうだろうか。同住宅は公営住宅法に基づく制度であり、かつ復興施策であるので、税金で賄わなければならないものである。

財政問題については、2010年5月の取り組み開始以来、繰り返し指摘してきているが、「借上公営住宅にこんなに多額の財政負担がある」などという意見は、公営住宅法に基づく制度に関する無理解か、意図的なものと言わざるを得ない。

改めて、この問題の出発点になった神戸市の「第2次マネジメント計画」を見ておこう。

神戸市の「第2次計画」では、「市営住宅会計が厳しい収支不足の状態が続いており、将来を見据えた健全化が不可欠」として、「約35億円が借上住宅の借上料となっており、これらが管理事業費を著しく圧迫している。……市債の償還や借上料等により毎年度収支不足が生じており、それを補うため、一般財源からの実質繰り入れ（2008年度決算、約26億円）を行っている」と記している。

2010年6月以降、神戸市住宅整備課と繰り返し交渉を行い、上記の数字を交渉で確かめてきた。2010年12月8日および2015年7月17日付の情報公開資料をもとに作成したのが、**表4-4**である。

表 4-4　借上住宅の決算値

（単位：百万円）

年度	借上料	内訳		うち税源移譲相当額	神戸市負担分
2007	3,435	家賃など	897		
		国庫補助	131		
		一般財源	2,407	1,019	1,388
2008	3,451	家賃など	961		
		国庫補助	41		
		一般財源	2,449	1,007	1,442
2009	3,474	家賃など	977		
		国庫補助	14		
		一般財源	2,483	998	1,485
2010	3,485	家賃など	941		
		国庫補助	90		
		一般財源	2,371	981	1,390
2011	3,463	家賃など	938		
		国庫補助	44		
		一般財源	2,404	977	1,427
2012	3,416	家賃など	915		
		国庫補助	45		
		一般財源	2,381	954	1,427
2013	3,369	家賃など	863		
		国庫補助	45		
		一般財源	2,392	939	1,453

税源移譲相当額は、神戸市住宅整備課による推計値。
出所：神戸市住宅整備課資料（2010 年 12 月 8 日および 2015 年 7 月 17 日付情報公開資料）をもとに作成。

　「35 億円」という数字は、入居者の家賃などと国庫補助＋税源移譲相当額（国費）を合計した数字である。したがって、神戸市独自の負担額は、「14億円」前後である。神戸市当局が意図的とも思われる「約 35 億円」という数字しか「計画」に記していないので、「35 億円」が独り歩きをしていた。「巨額の負担」などということも宣伝されているようで、「数百億円」と受け取っている関係者もいた。

　自治体が直接建設しないで、民間から借りる方が早いし、安く済むなどと

判断したから、「借上公営住宅」を導入したのではなかったのか。安く済んだ同住宅の入居者に強制退去を求めるのは、自治体がつくった制度の取り繕いを入居者に押し付けるものにほかならない。

2012年2月、神戸市議会の都市防災委員会で、神戸市住宅供給公社の解散に伴う市民負担257億円の補填が、あまり追及もされず、あっという間に承認された。当時の都市計画総局長は「深く反省している」と表明しただけであった。失政のツケについて神戸市は「太っ腹」と筆者は感じた。「257億円」といえば、借上公営住宅の一般会計の負担額（年間約14億円）を20年近く賄える額である。

かつて、新長田駅南地区復興再開発事業で「神戸市、内装費肩代わり　45店に3億円」（「神戸新聞」2011年1月9日付）と報道されたことがあった。神戸市自らの事業の失敗には、神戸市都市計画総局は公表せずに隠れて「3億円」を工面していた。都市計画総局、現在の住宅都市局は借上公営住宅を担当している局である。

また、2015年9月28日、兵庫県・神戸市の一部行政機関の新長田駅南再開発地区への共同移転計画案が発表されたが、90億円もかけて新築ビルを建設するとのことである。財政が厳しいと表明している兵庫県・神戸市が、いきなり「90億円」もの新たな箱モノ計画を発表したことには戸惑いを禁じ得なかった。自らの事業の失敗には資金を調達する能力をもっている神戸市である。その能力を発揮して「借上公営住宅」問題解決にも生かせばいい。

神戸市の総予算規模は、約2兆円。予算の組み替えで160億円程度を生み出す試算もある。「借上公営住宅」問題解決にあたって、財源のことは心配不要である。

9　強制退去策の判断・決定・遂行の責任を問う

仮設住宅の早期解消をめざし終の棲家としての復興公営住宅への移行を進めるという状況の中で、民間住宅の「借り上げ」で公営住宅の供給が可能となった。兵庫県も神戸市もこの借り上げ方式を導入し、神戸市幹部は「あとは悪いようにはしない」「「借り上げ」方式は、画期的」と公言していたのである。20年という期限は、その時の法律上の制約によるものだが、その後、

法改正も行われ、法制度上の制約はなくなっている。

　当時、兵庫県の住宅建設課長で現・伊丹市長の藤原保幸氏は、2012年1月、次のように発言していた（「朝日新聞」2012年1月15日付）。

　「転居問題の元には、①「県と神戸市のせめぎあい」、②「将来的な負担を避けたいと考える財政部局の意向」があった……。当時県は、財政力のある神戸市内には県営住宅を建てないというのが原則だった。しかし神戸市は、建て替え費用など将来の負担増を懸念。大量の市営住宅供給に慎重になっていた」。兵庫県と神戸市のどちらの財政部局も「将来的な財政負担を懸念」して「借り上げ」方式の復興公営住宅を供給したのであるから、その責任は、兵庫県と神戸市の政策決定権者とその政策に賛成した県会議員と市会議員にある。いま、その責任を果たそうとせず、「20年の期限があるから」と、もっぱら入居者に住み替えの義務があるかのように描き、強制退去策を実行しているが、これは、政策を判断し、決定し、そして遂行してきた神戸市や兵庫県などの責任と義務を放棄し、すり替えていると言わざるを得ない。

10　法治主義を逸脱した退去通知

　2015年6月4日付で久元喜造神戸市長名の「借上げに係る市営住宅の期間満了に伴う明渡しについて（通知）」という文書が、神戸市営キャナルタウンウェスト住宅1～3号棟の8世帯の入居者に内容証明郵便にて送付された。

　同通知では、神戸市の権限の根拠や義務が明記されている「①公営住宅法第32条第5項及び神戸市営住宅条例第50条第12項、②同法第32条第6項及び同条例第50条第13項、③借地借家法第34条第1項」に基づいて明渡しの事前通知がなされた。

　入居にあたって「事業主体の長は、借上げに係る公営住宅の入居者を決定したときは、当該入居者に対し、当該公営住宅の借上げの期間の満了時に当該公営住宅を明け渡さなければならない旨を通知しなければならない」（公営住宅法25条2項）にもかかわらず、神戸市ではこの「通知」はなされなかった。

　また、国の「既存民間住宅を活用した借上公営住宅の供給の促進に関する

ガイドライン（案）」（2009 年 5 月、国土交通省住宅局住宅総合整備課）においても「入居者への決定に当たっては、公営住宅法第 25 条第 2 項の規定に基づき、当該入居者に対し、当該公営住宅の借上げ期間の満了時に当該公営住宅を明け渡さなければならない旨を通知しなければならない。通知に当たっては、借上期間の具体的な満了時期及び借上期間満了時に当該公営住宅を明け渡さなければならないことの 2 つの事項を含む必要がある」と明記されている。

　入居にあたってのこの「期間の満了時に……明け渡さなければならない旨の通知」がなされなかったことは、「事業主体の長」の義務の不履行ゆえの手続き的瑕疵である。

　筆者が久元喜造神戸市長宛に提出した「要請書」（2015 年 6 月 24 日付）に対する同年 7 月 7 日付の文書回答では、「御指摘いただいております公営住宅法第 25 条と第 32 条の関係につきまして国土交通省に確認したところ、公営住宅法第 25 条第 2 項の事前通知は、同法第 32 条の明渡請求の前提条件ではないとの見解を確認しております」とのことであったので、筆者は同年 7 月 9 日午後、国土交通省住宅総合整備課・法令担当の斎藤係長に尋ねた。

　斎藤係長の見解は、次の通りである。

①神戸市から問い合わせがあったので、「前提条件ではない」との見解はお伝えしましたが、裁判になって司法がどのように判断されるかはわかりませんが、最初の段階で手続き面で問題があったとすれば、（同法 25 条 2 項は義務規定ですねとの筆者の質問には）義務が果たされなかったことになります。

②（公営住宅法の法文には、20 年で退去しなければならない規定は存在しませんね、との筆者の質問に）同法には、存在しません。（国庫補助の期間ですね、との筆者の質問に）その通りです。

③（借地借家法の改正で上限 20 年はなくなっていますね、との筆者の質問に）そうです。

「前提条件ではない」との見解の神戸市の引用は、自らに都合のいいように引用したに過ぎず、義務規定を履行しなかったことは明白である。「前提

条件ではない」と言明しているが、そのことを強調すればするほど、公営住宅法25条2項を無視する姿勢を示すことになり、適正な手続きを欠いているのである。「法律の定める手続きによらなければ、……自由は……奪われない」（日本国憲法31条）。神戸市の強制退去施策は、公営住宅法25条2項に違反していることは、明白である。神戸市が義務を履行しないで、追い出しばかり推進するのは、法律にも常識にも反している。

「借上公営住宅」の退去について、「公営住宅法の要請」とか「法的には20年を超えて住む権利はない」と神戸市は退去施策を実行しているが、先に見たように公営住宅法のどこにそのような規定があるのだろうか。

11　ようやく一部の継続居住を認めた兵庫県と神戸市だが……

2013年3月末、兵庫県（3月27日）と神戸市（3月25日）が、相次いで線引き継続方針を発表した。

兵庫県の方針は、①期限満了時に80歳以上で、②要介護度3以上の者か、③重度障害者のいずれかがいる世帯、④①～③に準ずる人で「判定委員会」が認めた世帯は居住継続可能とした。その後も入居者や支援者の改善要望が続く中、2014年6月17日、もう少し要件緩和する方針を発表した。すなわち、①入居期限を迎えた時点で、小中学生がいる（24世帯）、②近隣に住む親族（2親等以内）が要介護3以上か重度障害者で介護が必要、③自立できない末期がん患者がいる、などの世帯、④近くの公営住宅に住み替えができないことなどを条件とした。

その時点での救済世帯は、4割程度（およそ720世帯／1797世帯、2013年2月末現在）で、その後、6.5割程度（およそ1000世帯／1538世帯、2014年5月末現在）となった。

神戸市の方針は、①期限満了時に85歳以上で、②要介護度3以上の高齢者か、③重度の障害者のいずれかがいる世帯、④URから買い取り予定の住宅（386世帯）は居住継続可能、というものである。

同じくその時点での救済世帯は、2割程度（580世帯／2865世帯、2013年2月末現在）で、その後、3.6割（およそ567世帯／1574世帯、2016年5月末現在）となった。神戸市が退去施策の方針を発表して3年余りで、1291世帯が退

去または自然減となっている。

　神戸市と兵庫県の継続居住方針についての問題点は、次の通りである。

①なぜ「80歳以上」（兵庫県）・「85歳以上」（神戸市）なのか、その根拠は発表された方針や『報告書』の中では示されていない。

②85歳未満でも転居困難な居住者が多数存在していることは、これまでの神戸市や兵庫県の調査で明らかになっている。居住者間を分断し、新たな差別を生み出すことになる。

③80歳もしくは85歳未満の居住者が転居したあとは、これまで以上に高齢者・障害者のみの住宅となり、コミュニティの崩壊を促進することになる。

④方針は、これまで築き上げてきたコミュニティや絆を断ち切り、単身世帯の多い「借上公営住宅」では、孤独死を促進しかねない。

⑤自治体による基準の違いで、被災者の側から見れば、不公平感が拭えない。

　神戸市と比べ兵庫県の継続居住の方針は、多少緩和されているが、年齢などによる線引きに変わりはない。

　実際に、神戸市のTさんは、3年後に「借上公営住宅」の入居期限が切れるが、そのとき84歳と9ヵ月で、85歳に3ヵ月足りず、出ていかなければならないのかと不安を感じている。一律の線引きによって、このような不安を抱いている入居者は多い。

　また、兵庫県においては細かい条件をいくつも付けているので申請手続きの書類は、11ページもの膨大で複雑な文書になっている。入居者にとって申請にかなりの負担が生じていることも問題である。

12　目標は"希望する入居者の継続居住"

1）神戸市が12団地551戸の「UR借上住宅」を買い取ると発表

　神戸市は2014年1月14日、URが所有する高齢者向け特別仕様住宅など、12団地551戸を買い取ることでURと合意したと発表した。12団地は、緊

急通報装置を備えたシルバーハイツや、共同生活用のグループホーム、20〜30戸の小規模団地などである。神戸市が当初、仕様や建設を要請した経緯があるからと説明している。神戸市の管理戸数は、この551戸を除くと3158戸（2013年12月末現在）になる。そのうち1526戸が個人や法人の民間所有である。神戸市は、この民間の家主にも高齢者向け特別仕様住宅への改修などを要請していた。

　URの住宅を買い取ること（約100億円）は一歩前進だが、ではなぜ、その他の「借上公営住宅」は線引き方針のままなのか、不公平ではないか。その問いにはまともに答えず、「UR借上住宅」買い取りを発表した久元喜造神戸市長（2013年11月就任、前副市長・元総務官僚）は、「本来、20年で退去をするということは、これは公営住宅法の要請」と説明した。追い出し方針は、「公営住宅法の要請」と誤った内容を表明するなど、筋も通らず、辻褄も合わず、支離滅裂なことになっている。

2）20年期限は「公営住宅法の要請」なのか

　「借上公営住宅」は20年で返還することは「公営住宅法の要請」と説明されているが、それは全く誤っている。先に見たように今では、20年を超えて賃貸借を継続することは法制度上もなんら問題はない。

　国は、「借上公営住宅」に対する補助金について、20年を超える場合は相談に応じると言ってきたし、実際、2014年1月、国の補助が継続することが明らかになった。兵庫県や神戸市が20年で打ち切らなければならない理由は全く存在しない。

　2013年3月、兵庫県や神戸市が80歳以上、85歳以上の継続居住を認めるという方針を出したのも、それが制度上可能だからである。つまり制度上は、何歳の人でも継続して住むことは可能なのである。

3）取り組み始めて8年

　この問題に取り組み始めた2010年5月から8年近くが経過するが、当初「ゼロ回答」が続いた中で、2013年3月末、居住者と支援者の継続的な粘り強い取り組みが反映して兵庫県や神戸市が方針を一部見直した。その結果、その当時で兵庫県4割（現在6.5割）、神戸市2割（現在3.6割）の救済が図ら

れることになった。しかし依然として、兵庫県、神戸市、西宮市などでおよそ1300戸の入居者が追い出されようとしている（2018年1月末時点）。線引き方針では、問題の解決にはならない。

　この問題は、入居者の居住権の保障、つまり希望する入居者の継続居住を認めること以外に解決法はない。

　公営住宅法の目的は、「この法律は、国及び地方公共団体が協力して、健康で文化的な生活を営むに足りる住宅を整備し、これを住宅に困窮する低額所得者に対して低廉な家賃で賃貸し、又は転貸することにより、国民生活の安定と社会福祉の増進に寄与することを目的とする」（第1条）と明記されている。公営住宅法の目的に沿って、暗い影を取り除いていかなければならない。

参考文献

「借上公営住宅」問題に関する兵庫県井戸敏三知事の記者会見（2013年3月27日）
　　http://web.pref.hyogo.lg.jp/governor/g_kaiken20130327.html
神戸市「借上市営住宅についての神戸市の考え方について」（2013年3月25日）
　　http://www.city.kobe.lg.jp/life/town/house/information/publichouse/kariage
　　kondankai.html
兵庫県「UR借上県営住宅における住み替えに配慮を要する方への対応方針」（2013年
　　3月27日）http://web.pref.hyogo.lg.jp/governor/documents/g_kaiken20130327
　　_01.pdf
出口俊一（2017）「被災者の健康や安心、そして幸福を脅かす「借上公営住宅」の強
　　制退去――自治体の強制退去策は、人権侵害」兵庫県震災復興研究センター『震
　　災研究センター』№163所収

第5章

阪神・淡路大震災後22年にみる住宅政策の課題

「借上公営住宅」入居者退去問題に焦点をあてて

戸田典樹

はじめに

1995年1月17日に兵庫県を中心に、大阪府、京都府などを襲った、いわゆる阪神・淡路大震災は、多くの住まいを失った被災者を生み出した。このため復興住宅をすぐさま用意できない自治体は、第4章でも述べられているとおり、都市再生機構（UR）などの民間住宅を「借り上げ災害復興公営住宅」（以下、借上公営住宅）として住家を失った住民に提供した。そして、20年が経過し、都市再生機構（UR）など民間住宅との契約期間が満了を迎えたが「退去することはできない」と主張する入居者と自治体との間で軋轢が生じている。とくに1996年に借上公営住宅が法律で位置づけられる前に入居した西宮市と神戸市のマンションでは、民間の契約書に当たる「入居許可書」に期限が記載されておらず住民の戸惑いは大きかった。[1]

そもそも借上公営住宅という仕組みは、建設するよりも容易に住宅を供与するために、国や自治体が民間住宅との差額を負担し、さらに所得に応じては減免制度も適用することにより、被災住民に住宅を提供するものである。

阪神・淡路大震災を契機に兵庫県、神戸市、西宮市、伊丹市、宝塚市、尼崎市、大阪府豊中市が「借上公営住宅」として活用を始めた。これらの自治体のうち、「借り上げ」期限20年の満了を根拠に退去を求めている

---

1) 神戸新聞 NEXT「借り上げ復興住宅、迫る退去期限　阪神・淡路大震災20年」（2015年9月28日）http://www.kobe-np.co.jp/news/shakai/201509/0008437552.shtml（2016.12.30確認）

第II部　阪神・淡路大震災とチェルノブイリ原発事故から考える

のが、兵庫県、神戸市、西宮市である。伊丹市や宝塚市については退去を求めておらず、尼崎市は対応を明らかにしていない。

神戸市内で最初に期限が来た3人を相手に、市が住宅の明け渡しなどを求める訴訟が2016年2月、神戸地裁で始まっている。訴えられた丹戸郁江さん（72）は、難病と闘い、今の住環境が欠かせないことを説明し「慣れ親しんだ家で、ようやく安心して生活できる。皆さんの親がこの歳で意に沿わない引っ越しをしたらどうなるか想像してほしい」と訴えた。

「神戸・借上げ復興住宅「終の棲家」裁判8・11緊急集会」（2017年8月11日）で、足元がおぼつかないため座って発言する丹戸郁江さん。

また、西宮市は、「シティハイツ西宮北口」の入居者7世帯10人に対し、明け渡しと損害賠償を求める訴訟を2016年5月28日付で神戸地裁尼崎支部に起こしている。訴訟内容は、7世帯に対し住宅の明け渡しに加え、家賃・共益費相当額として1世帯当たり月額平均約10万7000円、うち2世帯分の月額平均駐車場代約1万4000円分を請求している。2015年10月から住民が退去するまでの期間分の費用だという[2]。

この章では、民間住宅を借り上げてでも被災した住民を救おうとした地方自治体が、どうして20年の年月を経て入居を続ける住民を訴えることとなったのか、それぞれの異なる主張を確認しながら被災者支援にどのような視点が必要なのかを考えてみたい。

1　借上公営住宅から退去を迫る兵庫県、神戸市、西宮市

阪神・淡路大震災で自宅が地震の被害にあったり、火事で焼失したりして避難した人たちが、兵庫県内でピーク時に31万6678人いた。そして、2月

---

2) 神戸新聞 NEXT「借り上げ復興住宅明け渡し求め提訴　西宮市」（2015年5月30日）http://www.kobe-np.co.jp/news/shakai/201605/0009134286.shtml（2016.12.30確認）

表 5-1　借上公営住宅をめぐる動き

年	月日	出来事
1995	1 月 17 日	阪神・淡路大震災発生 住宅約 64 万棟に被害（うち約 10 万 5000 棟が全壊）、約 7600 棟が焼損（うち約 7000 棟が全焼）
	同 23 日	避難所への避難者がピーク（兵庫県内 31 万 6678 人）
	2 月	仮設住宅の入居が始まる
	8 月	県が復興住宅約 3 万 8600 戸の供給計画を発表
	10 月	**復興住宅（借り上げ）への入居が始まる** ＊県内 1 ヵ所目「シティハイツ西宮北口」（西宮市）
	11 月	仮設住宅への入居者がピーク（4 万 6617 世帯）
	12 月	**復興住宅（県や各市が建設）が県内で初めて完成** 旧五色町（現・洲本市）で入居が始まる
1996	2 月	**神戸市でも復興住宅（借り上げ）の入居始まる** ＊県内 2 ヵ所目「キャナルタウンウェスト 1 〜 3 号棟」（神戸市）
	3 月	県内各地で復興住宅（県や各市が建設）が完成し始める
	8 月	公営住宅法に借り上げ住宅制度を導入
1999	5 月	県内すべての復興住宅（県や各市が建設）が完成
2000	1 月	仮設住宅の最後の入居世帯が退去（解消）
2004	2 月	神戸市が最後の住宅借り上げ
2010	6 月	神戸市「住み替えが基本」の方針
	秋頃	借り上げ住宅の 20 年期限問題が表面化
	12 月	宝塚市「全戸の入居延長」を決定
2014	6 月	県「育児、介護中の世帯」なども配慮対象に
2015	1 月	阪神・淡路大震災から 20 年
	9 月末	**「シティハイツ西宮北口」で借り上げ期限到来**
2016	1 月 30 日	「キャナルタウンウェスト 1 〜 3 号棟」で借り上げ期限到来
	2 月 16 日	神戸市が「キャナルタウンウェスト」の 3 人を神戸地裁に①明け渡しと②損害賠償請求を求め訴訟を提起
	5 月 30 日	西宮市が「シティハイツ西宮北口」の 7 人を神戸地裁尼崎支部（第 2 民事部）に①明け渡しと②損害賠償請求を求め訴訟を提起

出所：神戸新聞 NEXT「借り上げ復興住宅、迫る退去期限　阪神・淡路大震災 20 年」（2015 年 9 月 28 日）https://www.kobe-np.co.jp/rentoku/sinsai/21/201509/p4_0008437677.shtml（2018.1.14 確認）をもとに筆者作成。

から仮設住宅への入居が始まり、震災から約 10 ヵ月後の 11 月に入居戸数が 4 万 6617 戸とピークに達している。

次に、借上公営住宅においては、表 5-1 のとおり、震災後 9 ヵ月後の 1995 年 10 月から西宮市で「借り上げ方式」による災害復興公営住宅「シティハイツ西宮北口」の入居（6108 戸）が始まっている。さらに、1996 年 2 月から神戸市でも「借り上げ方式」で災害復興公営住宅「キャナルタウンウェスト」の入居が始まっている。このような動きに呼応して 1996 年 8 月、国は公営住宅法に「借上げ住宅」制度を導入するという法整備を実施した。

法整備後、災害復興公営住宅に借り上げ方式を導入していった自治体は、西宮市や神戸市の他にも兵庫県、伊丹市、宝塚市、尼崎市、大阪府豊中市がある。これらの自治体では、2015 年から 2023 年の間に契約期限が 20 年を迎える。2015 年に返還時期を迎えたものが神戸市 3401 戸、西宮市 423 戸である。2016 年に返還時期を迎えたものが兵庫県 1675 戸、伊丹市 42 戸である。そして、2017 年には宝塚市が、2018 年には尼崎市が返還時期を迎える。「借上公営住宅」の返還については表 5-2 のとおり自治体ごとに微妙に対応が異なっている。

まず、神戸市では、85 歳以上、要介護認定 3 以上、重度障害者がいる世帯は借上公営住宅に住むことの継続を認めている。また退去を迫る理由としては、20 年の期限を設けていることに加えて、①被災していない入居者の割合が増えている、②一般市民や転居者との公平性、③ 20 年に 1 世帯あたり 1300 万円の財政負担がかかるという 3 点をあげている。

次に、西宮市は要配慮世帯のみ最長 5 年の退去猶予を行うと、最も厳しく退去を迫っている。当初、借り上げた住宅を買い取る方針だったが、想定よりも費用が高額になることなどから、2012 年に買い取りや入居の継続はせずに、居住して 20 年間で返還する方針に変更している。2011 年度末に 115 世帯だったシティハイツ西宮北口の入居者は、市営住宅などへの転居が進み、2015 年 8 月末には 18 世帯まで減った。うち 7 世帯は弁護士と委任契約をし、入居継続を求めている。

また、兵庫県は、80 歳以上、要介護認定 3 以上、重度障害者がいる世帯など、個別事情を判定委員会が判断する。退去を迫る理由としては、20 年期限を基本として、入居時に渡した"しおり"で 20 年期限を説明している。

表 5-2　借上公営住宅 —— 自治体による対応の違い

	管理戸数（2015年8月末現在）	返還時期（年度）	借上公営住宅への対応	理由
兵庫県	1675戸	2016～2020	要配慮世帯のみ継続。80歳以上、要介護3以上、重度障害者がいる世帯など、個別の事情を判定委が判断する	20年期限が基本。入居時に渡したしおりで20年期限を説明しており、事前通知をしたと考える どうしても住み替えが難しい世帯については配慮する。配慮の目安は福祉の専門家らでつくる検討協議会で決めた
神戸市	3401戸	2015～2023	要配慮世帯のみ継続。85歳以上、要介護3以上、重度障害者がいる世帯	20年期限を基本とする。理由は①被災していない入居者の割合が増えている、②一般市民や転居者との公平性、③20年に1世帯あたり1300万円の財政負担がある。ただし、要介護度が極端に上がる85歳以上などは配慮する
西宮市	423戸	2015～2017	継続を認めない ※要配慮世帯のみ 最長5年の猶予	財政負担が大きく、市民の理解を得られにくい。受け皿の市営住宅を近隣に提供できる。市営住宅の数が適正数より約千戸多く、削減したい
伊丹市	42戸	2016	全戸で入居延長	市の「住生活基本計画」で「老朽化した市営住宅は建て替えず廃止し、民間賃貸を活用する」との方針を示しており、復興住宅にも適用する
宝塚市	30戸	2017	全戸で入居延長	「転居は負担が大きく、住民の不安を解消する」との市長判断による
尼崎市	85戸	2018	85歳以上、要介護3以上、重度障害者、80歳以上で要介護1以上か中度障害者（身体障害3、4級）など	20年の契約期限を迎えた時点で85歳以上の人がいる世帯の継続入居を認め、75歳以上の人も個別事情を考慮して入居の可否を決める

出所：神戸新聞 NEXT「借り上げ復興住宅、迫る退去期限　阪神・淡路大震災 20 年」（2015 年 9 月 28 日）https://www.kobe-np.co.jp/rentoku/sinsai/21/201509/p5_0008437677.shtml および神戸新聞 NEXT「尼崎市借り上げ復興住宅 85 歳以上は入居延長」（2016 年 12 月 29 日）https://www.kobe-np.co.jp/news/shakai/201612/0009789282.shtml（2018.1.14 確認）により筆者作成。

また、事前通知を行ったと考えている。どうしても住み替えが難しい世帯については配慮するが、配慮の目安は福祉の専門家らでつくる検討協議会で決められる。

　兵庫県と同時に返還期限を迎えるのが伊丹市の 42 戸で、返還時期は 2016 年であり、全戸で入居延長としている。入居延長の理由としては、市の「住生活基本計画」で「老朽化した市営住宅は建て替えず廃止し、民間賃貸を活用する」との方針を示しており、借上公営住宅にも適用するとしている。

その次に返還期限を迎えるのは宝塚市の30戸であるが、返還時期は2017年であり、全戸で入居延長としている。入居延長の理由としては、「転居は負担が大きく、住民の不安を解消する」との市長判断によるとされている。

　最後に返還期限を迎えるのは、尼崎市の85戸で、返還時期は2018年8月である。「85歳以上の人がいる世帯の継続入居を認め、75歳以上の人も個別事情を考慮して入居の可否を決める」という方針を立てている。

　なぜ「借上公営住宅」の退去期限が20年なのかの根拠は、公営住宅法に以下のように記載されている。

> 第十七条　国は、第七条第一項若しくは第八条第三項の規定による国の補助を受けて建設若しくは買取りをした公営住宅又は都道府県計画に基づいて借上げをした公営住宅について、事業主体が前条第一項本文の規定に基づき家賃を定める場合においては、政令で定めるところにより、当該公営住宅の管理の開始の日から起算して<u>五年以上二十年以内で政令で定める</u>期間、毎年度、予算の範囲内において、当該公営住宅の近傍同種の住宅の家賃の額から入居者負担基準額を控除した額に二分の一を乗じて得た額を補助するものとする。
>
> 2　国は、第八条第一項の規定による国の補助に係る公営住宅又は同項各号の一に該当する場合において<u>事業主体が災害により滅失した住宅に居住していた低額所得者に転貸するため借上げをした公営住宅について、事業主体が前条第一項本文の規定に基づき家賃を定める場合においては、政令で定めるところにより、当該公営住宅の管理の開始の日から起算して五年以上二十年以内で政令で定める</u>期間、毎年度、予算の範囲内において、当該公営住宅の近傍同種の住宅の家賃の額から入居者負担基準額を控除した額に三分の二を乗じて得た額を補助するものとする。ただし、第八条第一項各号の一に該当する場合において事業主体が災害により滅失した住宅に居住していた低額所得者に転貸するため借上げをした公営住宅（第十条第一項の規定による国の補助に係るものを除く。）にあっては、当該公営住宅の戸数が当該災害により滅失した住宅の戸数の三割に相当する戸数（第八条第一項又は第十条第一項の規定による国の補助に係る公営住宅がある場合にあっては、これらの戸

数を控除した戸数）を超える分については、この限りでない。

（下線は筆者による）

　つまり、地方自治体の管理のもとにある借上公営住宅への国の補助が最大期限の20年で切れるという契約満了期間が設定されており、国庫補助における震災特例（国庫補助率2/3）が終了するというのである。
　そして、さらに地方自治体が公営住宅の明け渡しを求める根拠は次のとおりとなる。

　　第三十七条　事業主体は、次の各号のいずれかに該当する場合においては、入居者に対して、公営住宅の明渡しを請求することができる。
　　　一　入居者が不正の行為によつて入居したとき。
　　　二　入居者が家賃を3月以上滞納したとき。
　　　三　入居者が公営住宅又は共同施設を故意に毀損したとき。
　　　四　入居者が第27条第1項から第5項までの規定に違反したとき。
　　　五　入居者が第48条の規定に基づく条例に違反したとき。
　　　六　**公営住宅の借上げの期間が満了するとき。**
　　2　公営住宅の入居者は、前項の請求を受けたときは、速やかに当該公営住宅を明け渡さなければならない。

（下線は筆者による）

　このような法的根拠をもとに、「借上公営住宅」を提供した地方自治体は、公営住宅法第37条第1項第6号の借上げの期間が満了をもって明け渡しを請求している。ただし、公営住宅法17条2項の国による家賃補助の規定については、国土交通省が「補助期間の延長については協議に応じる」という姿勢を明らかにしている（第4章 p.98を参照）。
　このような状況にもかかわらず、2016年9月現在では神戸市が「キャナルタウンウェスト」の入居者3人、西宮市が「シティハイツ西宮北口」の入居者7人に対し訴訟を提起している。借上公営住宅への入居を促した自治体が、入居した被災者住民に退去を迫るという奇妙な対立が起こっている。

126　　第Ⅱ部　阪神・淡路大震災とチェルノブイリ原発事故から考える

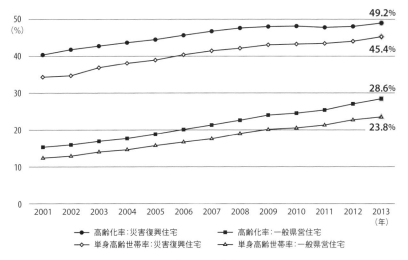

図 5-1 災害復興住宅入居者の高齢化と単身化
出所：神戸新聞 NEXT「データでみる阪神・淡路大震災」http://www.kobe-np.co.jp/rentoku/sinsai/graph/p7.shtml（2016.12.30 確認）

2 阪神・淡路大震災において住宅支援を受けた人たちの状況

　阪神・淡路大震災から 20 年が過ぎ、災害復興住宅で生活してきた被災者は歳を重ねてきている。図 5-1 に見られるように、高齢化率は 2013 年では災害復興住宅が 49.2％で一般県営住宅の 28.6％と比べ 20.6％高くなっている。

　また、単身の高齢世帯率は、2013 年では 45.4％で一般県営住宅の 23.8％と比べ 21.6％高い。また、高齢化率 70％の災害復興住宅もあり、そうした住宅では、自治会の担い手不足から住民同士の交流や自治会行事だけでなく、ごみ出しや清掃といった日常の生活面でも難しくなっている。

　借上公営住宅で生活する人の多くが経済的に困難な状況にある。たとえば、神戸市における市営住宅生活者の生活保護率のデータを見ると（表 5-3）、市全体と比べて 10 倍の高さとなっている。つまり、市営住宅であるところの借上公営住宅に入居する人たちの多くも経済的困窮状態にあると言える。

　借り上げているか、自治体が自ら建設し運営しているかにかかわらず、災

表 5-3 神戸市借上市営住宅における生活保護世帯数（2012 年 3 月末現在）

区	借上市営住宅生活保護世帯数	借上市営住宅生活保護率	全市営住宅の生活保護率	市全体の生活保護率（2011 年度平均）
東灘	22	26.5%		1.39%
灘	43	18.1%		2.16%
中央	144	32.0%		4.85%
兵庫	321	34.1%		7.26%
長田	341	33.9%		8.35%
須磨	112	26.4%		3.02%
北	24	37.5%		1.85%
合計	1,007	31.4%	22.1%	3.10%

出所：第 1 回神戸市借上市営住宅懇談会（2013 年 1 月 21 日）資料 15　http://www.city.kobe.lg.jp/life/town/house/information/publichouse/siryo-15.pdf（2017.1.2 確認）および第 89 回「神戸市統計書平成 24 年度版」http://www.city.kobe.lg.jp/information/data/statistics/toukei/toukeisho/24toukeisho.html（2017.8.13 確認）より筆者作成

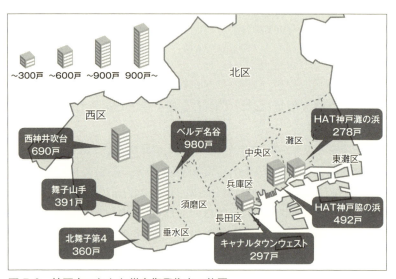

図 5-2　神戸市のおもな災害復興住宅の位置
出所：神戸新聞 NEXT「データでみる阪神・淡路大震災」http://www.kobe-np.co.jp/rentoku/sinsai/graph/p7.shtml　（2016.12.30 確認）をもとに作成

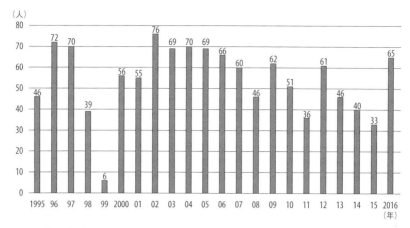

図5-3 仮設住宅（1995～1999年）・災害復興住宅（2000～2016年）での孤独死数

出所：しんぶん赤旗「阪神・淡路大震災18年　孤独死1000人超す」（2013年1月17日）http://www.jcp.or.jp/akahata/aik12/2013-01-17/2013011704_02_1.html；岡本和久「阪神淡路大震災後の高齢者の生活問題、見守り活動を通しての学びをどのように生かすか――災害にレジリエントな高齢化社会に向けて」http://www.who.int/kobe_centre/mediacentre/forum/150220_03_Dr_Okamoto.pdf；産経WEST「復興住宅の「孤独死」昨年33人　過去最少も発見まで5ヵ月の人も」（2016年1月12日）http://www.sankei.com/west/news/160112/wst1601120077-n1.html；朝日新聞DIGITAL「兵庫の復興住宅、昨年の「孤独死」65人」（2017年1月13日）http://www.asahi.com/articles/ASK1F2J5MK1FUBQU007.html　いずれも（2017.09.05確認）

害復興住宅は建設用地の確保が難しく、図5-2のとおり湾岸の埋め立て地や人工島、郊外のニュータウンや工業団地の空き地など、災害が大きかった市街地から離れたところに建てられた。このため入居した被災者の多くが住み慣れた地域と離れて暮らすことになり、知人も少なく、近所づきあいもあまりないというコミュニティ問題を抱えていた。

このようなコミュニティ問題も影響してか、仮設住宅から災害復興住宅へと転居しても、図5-3に見られるように「孤独死」が途絶えることがない。毎年のように一定数の誰にも看取られずに死んでいく人がいる。2016年中においても65件の「孤独死」が起こっている。65人の平均年齢は76.2歳。65歳以上の高齢者が8割以上の54人を占め、年代別でみると、90代5人、80代26人、70代16人。死因別では病死49人、事故死6人、自殺4人

だった。発見まで1ヵ月以上経過した人は4人いた。[3] 災害復興住宅入居者の孤立・孤独をどのように防ぐのかが課題となっている。

　なぜ、このような「孤独死」がたびたび起こり、解決ができないのだろうか。多くの研究が行われている。まず、早川和男氏は、とくに震災によって倒壊あるいは火災によって住家を失った人たちのことを調査している。倒壊あるいは火災で被害を受けた住宅の多くが、老朽化が激しく、さらに狭隘な場所に建っていた。そして、そこで生活していた人たちの多くが高齢者、障害者、母子家庭、被差別部落住民、在日外国人など、低所得者や差別を受けていた人たちだった。

　このような住居を失った人たちに対して、仮設住宅の「入居は抽選で、住んでいる場所とは関係なく、お年寄りから順にばらばらに入居させられ」、「住み慣れたもとのまちにもどりたい」という願いはあきらめさせられた。これまで生活してきたコミュニティを無視した仮設住宅への入居は、「高齢者にとって暮らしにくい環境」「暮らしの根拠地としての住居が定まらない」という状況を生み出した。このような結果が「将来に対する展望が持てずにいる」状況を生み、孤立化をすすめ「孤独死」につながる原因となっていると分析した（早川1997、p.30）。

　次に、額田勲氏は、仮設住宅がある地域での診療経験から「孤独死」が高齢者、年金生活者、生活保護世帯などの低所得者層やアルコール依存者、認知症高齢者などの社会的弱者に多く見られることを指摘している。そして、「孤独死」の背景には、貧困や疾病、家族関係のもつれなど根深い問題があり、安否確認を行う「ネットワーク活動」だけでは解決できない。医療支援、雇用、コミュニティと住居など、本腰を入れた対策が必要であることを指摘している（額田1999、p.244）。

　また、塩崎賢明氏は、避難所、応急仮設住宅、災害復興住宅と段階を経るごとに住宅の形態は良くなっているものの、その都度、人と人のつながりやコミュニティが分断されバラバラにされることにより、被災者が社会的関係を失っていることを問題視する。このように社会的関係を失った結果、「孤

3）朝日新聞DIGITAL「兵庫の復興住宅、昨年の「孤独死」65人」（2017年1月13日）
　http://www.asahi.com/articles/ASK1F2J5MK1FUBQU007.html（2017.9.5確認）

独死」が起こると指摘している。「孤独死」とは、単に災害によって亡くなったという側面だけではなく、応急的・対処療法的な支援のみを繰り返すことで起こっている人的災害であり、「復興災害」とも言えると指摘している[4]。

3　借上公営住宅からの退去命令を受けた人たち

　今回の借上公営住宅退去問題を考える場合に、高齢化、経済的困窮、コミュニティ問題、孤独・孤立の問題を避けて通ることはできない。借上公営住宅から退去を命じられている人は、どのような状態にあるのか、当事者たちにインタビューを行った。

　事例1）高齢のため病院への通院、買物がつらいA子さん、M男さん
　　　夫婦
「期限があると知っていれば、初めから入居していなかった」とA子さん(69) は話している。A子さんは震災前、西宮市内で金物店を営んでいたが、阪神・淡路大震災で、自宅は半壊した。1995年10月、夫のM男さんとともに西宮にある借上公営住宅に転居し、「終の棲家を見つけた」と安堵した。
　しかし、2013年1月に市職員から2015年9月の返還期限を告げられた。入居申し込み案内書を改めて確認すると「借り上げ契約の期間は20年」との記載はあったが、説明を受けた記憶はない。
　借上公営住宅で生活する人たちは20年にわたりこの地域で生活をし、コミュニティに溶け込んできた。ただ、数年前から夫婦二人とも病気を患い、思うように身体が動かなくなった。通院や買物などに不便なところではとうてい生活できない。A子さんたちを気遣い、夕食を差し入れる隣人もいる。お互いに鍵を預かる仲で、「何かあったら相談して」と声をかけてくれている。「今の暮らしが変わらないのが一番」「死ぬまでここに住んでいたい」と話す。

4）塩崎賢明（2009）「住宅とコミュニティを重視した災害復興を」『都市問題』第100巻12号、p.82。

事例2)「20年経ったら退去する」という契約はしていないと言うG
　　男さん

　神戸市長田区の借上公営住宅に住むG男さん（63）は、重い糖尿病のため働くことができず生活保護を受けて生活している。母親が10年前に他界し、現在はひとり暮らしである。被災後この場所で築いてきた住民同士の付き合いが、生きる支えとなっている。しかし、やっと築いてきた人とのつながりが、また断ち切られるかもしれない。近くに通院している病院もあり、「この借上公営住宅から引越しすればたちまち困る」と言う。

　「私は不正入居しているわけでもないし、近所に迷惑をかけているわけでもない。家賃を滞納しているわけでもないし、多くの無駄遣いをしているわけでもない。慎ましやかに生活している一般の人間だと思います。私は「契約書」に書いてある約束はずっと守ってきました。「契約書」に書かれてあることのどこにも違反していません。また、20年間限りの契約やから出てくださいなんてこと、「契約書」のどこにも書いていなかったし、説明を受けた覚えもない。だから転居などする必要はないと思います。

　市役所の担当者に「誰と誰が決めたんや」って聞いたら「20年前に公団と神戸市の間で契約したことですから、それに従ってください」ってことでした。それは住宅・都市整備公団と神戸市とのことです。私が身体を悪くして、病院や買物に支障があることも引越しできない理由ですが、それ以上に「契約では20年経ったら出て行けなんて決めてなかった」ということが基本的な問題だと思うのです。神戸市が決める「85歳に達していないこと」「寝たきりになっていないこと」がなんで出て行かなきゃならない理由になるんでしょう。若くても、身体が健康であったとしても、「契約で決めていない以上」、ここに住む権利があるやろうと思うんですよ」

事例3）近所で生活する弟夫婦と離れたくないと言うB子さん

　神戸市長田区の借上公営住宅で暮らすB子さん。若い頃から化粧品販売の仕事をしていたが、震災を契機に廃業した。入居当初は、夫とともに生活していたが、いろいろあって離婚した。その後、ひとりで生活をしていたが、乳がんになり近所で生活する弟夫婦の手助けで闘病生活を送ることとなった。がんがやっと落ち着いた頃に、関節リュウマチにもかかり、歩くことが不自

由になった。さらに、皮膚病も併発した。今では、合計５つの病院に通院しなければならない状態になっている。

「関節リュウマチの手術をした知人がいて「手術せんほうがいいよ」というアドバイスをしてくれます。だから先生には、「歩けなくなってきたら考えます」と手術は断っています。でも、正直なところだんだん悪くなって、日常生活で何もできなくなってきています。一つのことするのにも、私は人の倍以上時間かかっています。今どうにかこうにか歩けていますが、掃除機かけるのでも休憩しながら状態で一気にかけられない。これまで週２回かけていたのがやっと週１回できるくらいになってしまいました。

今では、病院は、すべて歩いて通えるところでないと困ります。バスなんて乗れません。今では、玄関にある手押し車を押しながらなんとか歩いています。近くにスーパーがなければ困ります。大きなものや、重いものは持てません。ベランダのプランターの花に水やるのにもホースを引っぱることができません。近くで生活をしている弟夫婦に多くのことを頼っています。いまさら違う場所に住むなんて無理です。こんな状態では、引っ越すことなんて考えられません」

事例４）これまで築き上げてきたコミュニティがなくなると嘆くＣ子さん

神戸市兵庫区の借上公営住宅に暮らすＣ子さん（79）は、この地域に40年住み続け、震災のときも地域の人たちに助けてもらった。乳がんになって、さらに頸椎後縦靱帯骨化症という難病にもなって、これから他の地域に移れと言われても無理だと嘆いている。

震災前に住んでいた長屋は震災により全壊したが、家主が同じ場所に５階建てのマンションを再建してくれた。それを神戸市が20年の契約で借り上げ、同じ長屋にいたＣ子さんたち５世帯が避難先などから戻ってきた。だが、2017年に神戸市から家主への返還期限を迎える。今は市の補助で家賃が低く抑えられているが、返還後は当然、入居者負担が増える。Ｃ子さんは自分を含め、多くの住民が住めなくなると訴えている。

「もともと住民同士の結びつきが強い地域でした。震災直後は長屋前の公園に集まり、お互いの安否を気づかい、隣近所に声かけをしてまわりました。

そして、残りわずかだった食料を分け合い、空腹をしのぎました」と振り返る。

　若い人たちは、お年寄り宅の片づけを手伝った。Ｃ子さんも自宅の布団をあるだけ取り出し、公園で一夜を過ごす人たちのテントに運んだ。同じマンションのＤ子さん（69）は長屋時代からの友人であり、今でも仲良く行き来している。「いまでも、毎夏の盆踊りのときは、声をかけてくれて一緒に見学させてもらっています。同じ住宅には高齢者がたくさん生活しており、残り少ない人生を声をかけ合って暮らしていこうと考えています。頼むからここで生活させてほしいです」と訴えている。

4　退去命令を受けた入居者の生活を考える

　これまで４つの事例をまとめ表5-4のとおり分析してみた。すると、退去命令を受けている入居者が抱えている問題として、高齢や難病による「身体機能の低下」「経済的困窮」、住み慣れた地域から離れることでの「生活の不便」「孤独・孤立」が浮かび上がってきた。

　まず、身体機能が低下した人にとっては、かかりつけの病院や介護事業所を変えることはたいへん大きな問題となる。腰が曲がり、手押し車を押して生活するＢ子さん、難病で長く立っていることもできないＣ子さんたちに

表5-4　借上公営住宅入居者の退去できない理由（◎は、最も大きな原因）

事例	具体的な不便	身体機能の低下	コミュニティがなくなる	経済的困窮	その他
1)　Ａ子さん 　（69）・Ｍ男 　さん（70）	病院や買物の不便	◎	○	○	
2)　Ｇ男さん 　（63）	糖尿病、生活保護	○	○	◎	賃貸期限20年に異
3)　Ｂ子さん 　（73）	5つの病院通い、節約	◎	◎	○	弟夫婦の協力
4)　Ｃ子さん 　（79）	助け合いがなくなる	◎	◎	◎	

筆者作成

転居を迫ることには無理があるのではないだろうか。たとえば、強引に引越し業者に家財道具などの荷物をまとめさせ、新たな住居に搬入させることは可能だろう。しかし、その後、誰が荷を解き、整理するのか。誰が病院を探し、通院への手配を行うのか、介護事業所がどこまで生活を支援してくれるのだろうか、地域の人たちの見守りは可能だろうか。転居後の生活がうまくできるのか、きわめて不安を感じる。

また、高齢や病気を原因とする「経済的困窮」という問題もある。事例に取り上げた入居者の多くが経済的に苦しく、中には生活保護に頼る人もいる。少しでも、通院や買物に電車賃やタクシー代がかからない便利な場所で生活し、交通費を節約したいという思いがある。転居に伴う、通院や買物にかかる交通費などの経費は補償されるのだろうか。借上公営住宅に入居する人たちが、住み慣れた地域で生活したいと考えるのには理由がある。

次に、生活の不便という問題である。借上公営住宅に入居後、事例1で取り上げたA子さんとM男さん夫婦や事例4で取り上げたC子さんは、通院や買物の手伝いをしてくれる隣人がいる。もし、引越ししたならば、新たな地域で隣人の助けが今までどおり得られるだろうか。手助けしてくれる隣人がいないことは、外出もままならない人たちにとっては死活問題である。退去命令は、あらたに孤独・孤立という問題を生み出す危険性を持っている。

その他にも問題がある。G男さんは、「契約では20年経ったら出て行けなんて決めてなかった」と話している。そのことについて、入居時の契約書に退去することが記されていないことは神戸市の職員も認めていると話している。このような状況のもとで、G男さんの了解を抜きにして強引に退去を迫ることにも無理があるのではないだろうか。

また、西宮市の場合は、公団など建物所有者との借上契約では20年の期限で賃貸された住宅としての記載がある。しかし、20年経過した後に入居者が退去するという入居許可証は作成されていない。西宮市は、「鍵渡しの時に説明した」と説明しているが、どの職員が誰に対して説明したかというのは、明らかにされていない。また、募集時のパンフレットにも同様に、公団から20年で賃貸された物件であるとの記載はあるが、20年経過後に退去する旨の記載がない。さらに、賃貸承認書の中にも、期限はまったく記されていない。この点については、入居者からの一方的な聞き取りによるもので

あるため、司法の場で、事実関係が明らかにされていくであろう。

インタビューで取り上げた事例では、神戸市の場合の「85歳以上」「要介護3以上」「重度障害者がいる世帯」という継続入居の条件には該当しない。また、西宮市に至っては、原則として継続入居を認めていない。借り上げられた復興住宅のオーナーたちの中には、新しい住人を入れることに労力がかかる、住み続けてきた人たちが困るだろう、という理由から借り上げ期間の延長を希望している者もいる[5]。このような状況にもかかわらず神戸市は、2016年2～11月にかけて計7世帯を相手取り、明け渡しを求める裁判を起こした。また、西宮市も同様に2016年5月、7世帯を提訴している。

なぜ、このように強引に借上公営住宅入居者を退去させなければならないのだろうか。東日本大震災に伴い起こった東京電力福島第一発電所事故においても、避難者の不安をよそに避難指示の解除や帰還施策を優先し、借上住宅の提供の終了などが進められている。政府も自治体もまるで、家を失った人、家族と別れた人など、さまざまな困難を抱える人たちの問題がすでに過去のことのように原発事故の収束を宣言した。そして、避難指示が解除されたにもかかわらず避難を続ける人たちを、きわめて特異な人たちのように描き、避難の原因を個人の特異な考え方によるものだとしている。

借上公営住宅からの退去命令問題を例にとるならば、2009年に開催された神戸市の「住まい審議会」の段階では住宅部局が、入居者については「借上げ終了は、ご存じないと思います」とし、さらに「出て行ってくださいとは言っておりません」と退去方針は固まっていなかった。しかし、2013年に開催された「借上市営住宅懇談会」で突如、20年間の契約期間の満了を理由とした借上公営住宅からの被災者退去を求める方針が提起された。

20年前に借上公営住宅に入居した人たちは、住まいを失い、行くあてもなく、自治体の支援に救われた人たちである。そして、20年が経ち、彼らに住まいを確保する力が備わっているのか、コミュニティの絆が強まっているのかを考えても、生活改善ができているとは言えない。このような状況の

5）兵庫県震災復興研究センター「最新ニュース：阪神・淡路大震災被災地での「借上公営住宅」からの追い出しストップ署名の再度のお願い」（2012年1月27日）http://www.shinsaiken.jp/modules/news/article.php?storyid=119（2017.1.2確認）を参考にして加筆修正を行った。

中で、自治体によって住居から追い出される人がいる。期間の経過を理由として、自治体が自らの果たしてきた役割を放棄するという問題が生じている。

おわりに

本章では、地方自治体による退去命令に従わず借上公営住宅への入居を続ける阪神・淡路大震災の被災者を取り上げ、退去できない理由を考えた。

4つの事例をもとに、退去命令を受けている人たちが高齢や難病による「身体機能の低下」「経済的困窮」、住み慣れた地域から離れることでの「生活の不便」「孤独・孤立」という問題を抱えていることが判明した。

また、借上公営住宅を提供した自治体が、機械的な公平論を持ち出し、退去させることを前提として入居者と対峙し、個別で具体的な状況を勘案しようとしない状況が生まれていることを指摘した。

阪神・淡路大震災から20年の年月を経て、なぜ被災した住民とそれを救おうとした地方自治体が争わなければならないのだろうか。もう一度、震災の被害とはどのようなものであり、どのような支援を、いつまで続けるのかを、この問題を契機として考えることが必要である。

参考文献

神戸大学震災復興支援プラットフォーム（2015）『震災復興学　阪神・淡路20年の歩みと東日本大震災の教訓』ミネルヴァ書房

塩崎賢明（2014）『復興〈災害〉──阪神・淡路大震災と東日本大震災』岩波書店

額田勲（1999）『孤独死──被災地神戸で考える人間の復興』岩波書店

早川和男（1997）『居住福祉』岩波新書

早川和男（2001）『災害と居住福祉　神戸失策行政を未来に生かすために』三五館

第6章

原発被災者の長期支援の必要性

チェルノブイリ原発事故被災者のインタビュー調査を通して

田中聡子

はじめに

1986年4月26日、旧ソ連のチェルノブイリ原子力発電所4号炉が水蒸気爆発を起こした。この事故の特徴は、格納容器で防護されていなかったソ連型原子炉から多量の核分裂生成物質が環境に放出されたことである（高田2005、p.30）。チェルノブイリ原発4号炉の爆発によって、ヨーロッパの40％以上を超える範囲や、トルコ、グルジア等のアジア地域まで放射能汚染が広がったと言われる。

事故後30年以上経過した今でも、この大事故の影響は続いている。それは健康被害だけではない。突然に起こった原発事故で、誰もがその後何十年にもわたってその影響が自分や家族、地域に及ぶとは想像もしていなかっただろう。チェルノブイリ原子力発電所事故（以下、チェルノブイリ原発事故）から30年以上経過した今、単純には比較できないことはあるが、福島原発事故被災者への支援において、チェルノブイリ原発事故から学ぶべきものは何かを、社会福祉の視点から探索したい。

1 チェルノブイリと福島

チェルノブイリ原発事故当時の旧ソ連時代には、十分な情報が市民に届かなかった。事故の翌朝、周辺・近隣市民は何も知らずに生活をしていた。たとえばチェルノブイリ原発から南方約110キロ地点にあるキエフ市では、翌

4月27日に政府からの情報ではなく、原発関係者であるプリピャチ市から避難してくる人の情報や避難バスを見ることによって原発事故の情報を入手した。だが、政府からの情報がすぐにはなかったので、大きな混乱もなかった（宮脇 2015）。

　一方、福島原発事故では住民への情報の遅れはなかったと言えるか。原発事故後に SPEEDI（緊急時迅速放射能影響予測ネットワークシステム：System for Prediction of Environmental Emergency Dose Information）の公表が遅れ、避難指示区域が二転三転したことや、直後は、情報が入らず避難先で放射能を多く含む雨を大量に浴びてしまった人もいる（山下・開沼 2012、pp. 60-63）。その後、しだいに事故の全体像や深刻さが判明し、対応や指示の遅れが指摘されることになった。福島原発事故から7年が経過したが、行き先の決まらない人はいまだ多く存在する。帰還政策が進み、戻る人もいれば新しい土地に移住する人もいる。福島原発事故被災者の今後の見通しが立たない状況である。

2　チェルノブイリ法が被災者を支える

　チェルノブイリ原発事故被災者は、ソ連政府によって直ちに強制移住させられる人と移住選択を認められる人に分けられた。原発事故の被害は甚大であった。被災者の健康、生活を今日まで支えてきたのがチェルノブイリ法である。

　チェルノブイリ法はまず、「どこが汚染地域なのか：汚染地域制度法」（表6-1）によって汚染地域を4つのゾーン（汚染状況に応じて第1ゾーンから第4ゾーン）に区分している。次に、「誰が被災者でどんな補償をうける権利があるのか：被災者ステータス法」（表6-2）によって、被災者を事故当時の被曝状況から3つのカテゴリー（収束作業者、避難者、汚染地域住民）に区分し、補償内容を定めている（尾松 2016b、p. 145）。家族に事故収束作業員（カテゴリーⅠ）がいるとしっかりした補償がある。30キロメートル内の強制避難者（カテゴリーⅡ）にも一時金や住宅保確保などの補償がある。汚染地区の住民（カテゴリーⅢ）は医療費の減免や保養費の減免、非汚染地域からの食品取り寄せの月額給付のみになる。

表 6-1　チェルノブイリ法に基づくゾーン

地域区分	主な区分基準	実施される施策
第1ゾーン：隔離ゾーン（強制避難）	チェルノブイリ原発事故周辺地域、および 1986 年と 1987 年に放射性安全基準に従って住民の避難が行われた地域	住民の定住は禁止される。企業活動や自然利用が制限される。
第2ゾーン：移住ゾーン（強制移住）	土壌のセシウム 137 濃度 15Ci*/㎢（55 万 5000Bq*/㎡）以上	土壌のセシウム 137 濃度が 40Ci/㎢以上（または 5 ミリシーベルト/年超）の地域では、住民の移住が義務づけられる。それ以外の「移住ゾーン」では、移住を希望する住民には移住に関する補償をうける権利が認められる。
第3ゾーン：移住権付居住地域（移住選択）	土壌のセシウム 137 濃度 5Ci/㎢（18 万 5000Bq/㎡）以上 15Ci/㎢まで	移住を希望する住民には移住に関する補償をうける権利が認められる（1～5 ミリシーベルト/年超）。※1 ミリシーベルト以下の地域では移住権は認められない
第4ゾーン：特恵的社会経済ステータス付居住地域**	土壌のセシウム 137 濃度 1Ci/㎢（3 万 7000Bq/㎡）以上 5Ci/㎢まで	住民に対する放射線被害対策医療措置、住民の生活レベル向上のための環境保全・精神的ケアサポートが実施される（0.5～1 ミリシーベルト）。妊婦と子どもには移住の権利が認められる。

*Bq（ベクレル）：放射性物質が放射線を出す能力（放射能）を表す単位。1Bq は放射性核種が 1 秒間に 1 個崩壊するときの放射能の量。／Ci（キュリー）：放射性物質が放射線を出す能力（放射能）を表す古い単位（現在は Bq）。1Ci = 370 億 Bq。
** 第 4 ゾーンは 2014 年に廃止された。
出所：尾松亮（2015）「チェルノブイリ法における居住制限と選択権 —— 分断を生まない工夫（ミニシンポジウム福島とチェルノブイリ）『法の科学』46、民主主義科学者協会法律部会機関誌、pp. 115-119；「1 ミリシーベルト/年　移住できるウクライナ基準「被災者を国が守る」チェルノブイリ法 —— チェルノブイリ委員会議事録」『食品と暮らしの安全』No. 306、2014、p. 13 を参考に筆者作成。

表 6-2　チェルノブイリ法によるカテゴリー

カテゴリー	対象者	主な支援策
収束作業者	1986～90 年にチェルノブイリ原発事故収束作業に参加した市民（主に 30 キロゾーン内の勤務者）	医薬品費用の免除、住宅保障面での優遇、医療費の減免、遺族に対する補償等
避難者	①30 キロゾーンからの強制避難者。②上記ゾーン外だが 5 ミリシーベルト/年を超える地域から移住が義務づけられた人。③上記①②ゾーン外だが 1 ミリシーベルト/年を超える地域から自主的に移住した人々	避難元の不動産・財産の補償、避難先の住宅確保、避難先での雇用保障（優先雇用、職業訓練、給付金等）、移住一時金、引越し費用免除、医薬品費用の減免、保養費の減免 等
汚染地域住民	土壌汚染 3 万 7000Bq/㎡以上、平均年間実効線量 0.5 ミリシーベルト/年を超える地域	医薬品費用の減免、保養費の減免、非汚染地域からの食品取り寄せのための月額給付金 等

出所：尾松（2016b）、p. 145 を参考に筆者作成。

チェルノブイリ原発事故被災者は「どこが汚染地域なのか：汚染地域制度法」によって事故後の居住地が決定された。第1ゾーンは強制避難区域であり、事故後は居住することはできない。また立入制限区域であり、自由に入ることもできない区域である。しかし、一部は移住をしないで住んでいる人もいる。こうした人をウクライナでは「サマショール（Самосели）」と呼んでいる。ロシア語では身勝手な人という意味であるが、自分の意志で住んでいる人たちである（高田2005、pp. 38-40）。第2ゾーンのうち年間5ミリシーベルトを超える地域は、強制移住地域である。しかし、こちらも移住しないで住み続けている人や、いったん移住したけれども、戻ってきて再び集落を形成している人たちもいる。第3ゾーンは、年間1ミリシーベルト以上5ミリシーベルト以下の地域で、移住したい人は移住が選択できる。したがって一部の人は移住を選択した。また、同じ市内でも、第2ゾーンと第3ゾーンが混在するところもある。第3ゾーンの年間5ミリシーベルト以下の地域に居住していた人たちにとっては、どちらを選択してもその後の人生が大きく変わることになった。

3　チェルノブイリ原発事故被災者のインタビュー調査

1）インタビュー対象者

　チェルノブイリ原発事故被災者は、事故後、政府の指示により強制移住、選択移住に分かれた。しかし、実際には強制移住対象者がすべて政府の指定した地域に移住したわけではなかった。選択移住対象者は、残って生活するか、もしくは新しい場所に移住するかを各々が選択した。残った人、移住したけど戻ってきた人、新しい地域で生活を始めた人それぞれの人生が原発事故によって変わっていった。

　本章では、原発事故が人々の生活をいかに変え、また長期にわたって影響するかを示したい。具体的には、事故後、強制移住によって移住した人と選択移住地であったため残って生活した人を対象に2015年9月2〜8日に実施した原発事故被災者のインタビュー調査を元に明示する。なお、インタビュー対象者には事前に、口頭および書面でインタビューの趣旨を説明し、同意を得ている。

第6章　原発被災者の長期支援の必要性　　141

表6-3　インタビュー対象者の基本属性

	Aさん	Bさん	Cさん	Dさん	Eさん
避難元	プリピャチ	プリピャチ	プリピャチ	ナロジチ	ナロジチ
避難元の特徴	夢と希望の町 （原発のために新しく建設された町）			農業地帯（穀倉地帯）	
最終移住先	ジトーミル	キエフ（住民とのコンフリクト）	キエフ	ナロジチ	ナロジチ
事故当時の生計者の仕事	技術者	専門職	親が技術者	親が事故後作業員	親が事故後作業員
事故後の選択	自己選択（二度目の移住で住居補償がなくなる）	強制移住	強制移住	留まる	留まる

　表6-3は調査対象者の基本属性を示したものである。強制移住対象者のAさん、Bさん、Cさんはプリピャチ市民であった。プリピャチ市はチェルノブイリ原発から4キロに位置する。1970年代の旧ソ連時代に原発の建設と稼動のために建設された町であり、国内の最先端の技術を持つエンジニアや作業員が移住していった町である。原発事故後にプリピャチ市の全住民は強制避難の対象者となった。

　一方、Dさん、Eさんは移住選択地域を含むナロジチ市に住んでいる。ナロジチ市は1923年にできた、チェルノブイリ原発から約70キロに位置するジトーミル州の都市である。ナロジチ地区の汚染状況は、第1ゾーン強制避難地域、第2ゾーンの強制移住地域、第3ゾーンの移住選択地域、第4ゾーンがある。

2）プリピャチからの避難

　プリピャチの住民は、原発で働くことに夢を持ってこの町にやって来た。事故当時は高層アパートが建ち、教育・文化施設が充実した、豊かな生活と教育水準の町であり、若者にとっては技術発展の象徴のような町であったと言える。そのような豊かな暮らしが原発事故によって一変したのである。

　事故直後の4月26日から27日の夜にかけて1390台のバスと鉄道列車3編成がキエフおよび周辺市から到着し、27日の14時から避難が開始され

その日のうちに 4 万 5000 人の市民は町の外に搬送された。事故後数日間で
チェルノブイリ原発から 10 キロ圏内の住民が避難し、5 月 2 日にはチェル
ノブイリ原発から 30 キロ圏内と圏外のいくつかの集落の住民が避難した。
その後 1986 年末までには 188 の集落から 11 万 6000 人の住民が移住した。
避難時に住民は「3 日間ぐらいで戻れるだろう」と伝えられ、多くの人は着
の身着のままで避難した。住民の中には畜産業の人もいたが家畜を連れてい
くことは禁止された。すでに放射線データは危険な水準を示していたのだが、
住民には放射能汚染について何の情報も与えられず、防護する行動の指示も
なかったのである（ウクライナ緊急事態省 2016、p. 13）。

◎ A さん（女性・61 歳）── 自己選択によって移住地を決定したケース

〈プリピャチへ行った経過と事故前の生活〉　A さんは、1976 年に大学を
卒業し、チェルノブイリ原発に派遣された。旧ソ連時代には、学校を卒業し
たあと、どこで働くかの自由はなかった。A さんは、原発の経済状況や財
務状況をモスクワに報告する仕事をしており、原発から 3 キロ離れたプリ
ピャチに住んでいた。「非常に綺麗な町でとても気に入っていました。町の
80% は若者でした。たとえば、潜水艦の技師とか非常に高い技能を持った
専門家がたくさんいました」。A さんは 16 階建てのアパートの 10 階に住ん
でいた。家族は、同じ原子力発電所関係の技師の夫と 3 歳の娘であった。A
さんと夫は 3 号炉で働いていた。危険な原発作業ということで、基本給の
15% 増しの手当をもらっていた。

〈移住先を政府が指定〉　事故後、A さんと夫は原発関係の技術者だった
ので、ソ連（ウクライナ）内の別の原発で働くように政府から言われた。二
人は高度な技術を持った専門職だったので、すぐにできたばかりのフメリニ
ツキー原子力発電所の 1 号炉に送られた。移住先のフメリニツキーは原発関
係者の人がほとんどだったので A さん一家を受け入れてくれた。しかし A
さん自身が、原発のそばにいることに大きなストレスを感じるようになった。
同じように娘さんが、幼稚園で壁際に座って誰ともコミュニケーションをと
らなくなった。A さんの娘はひどい頭痛を持つようになっていた。A さん
は当時の政府に嘆願書を提出した。政府からは、キエフのような大都市やク
リミアやソチのような観光地以外の場所に移住することを許可された。そこ

第 6 章　原発被災者の長期支援の必要性　143

でAさんは、夫の生まれ故郷のジトーミルに住むことにした。

〈指示以外の地区を選択〉　旧ソ連では、住居を勝手に移すことができず、またアパートも政府からの支給であった。Aさん夫婦は、移住は認められたが、アパートの支給は原発で働くことが条件だったので、ジトーミルでは支給されないことになっていた。当時のソ連の状況では住居の支給の有無は生活の基盤にかかわることで非常に重要であった。Aさんはジトーミルでエコノミストとして州政府で働き、夫は勉強して税務署で働き生計はなんとか立てられた。幸いにもその後、ジトーミルでアパートを支給されることになった。しかし、娘の頭痛はチェルノブイリ原発事故との因果関係が証明されず、補償はなかった。

〈子どもの体調不良と補償問題〉　娘を育てるために、気をつけたことは食品であった。Aさんの実家がウクライナでは汚染されていない地区にあり、週末には必ず自家菜園の野菜をもらっていた。「チェルノブイリ原発事故が原因ということで年金をもらえるように試みたけれど、認められませんでした。今現在もウクライナで補償されている人は、事故処理作業者、強制移住の対象者で指示された移住先に住んでいる人です」。Aさんは強制移住だったが、移住先から自分でジトーミルに来たため補償の対象外になった。娘が小さいときは1ヵ月70グリブナ[1]支給された。現在は140グリブナである。安全な食品を購入するための支援である。以前は保養に行く費用なども補償の対象だったが、今はなくなっている。

〈事故後29年が過ぎて〉　事故前のプリピャチは店に物があふれ「キエフ以上に賑わいがあった。レニングラード（現・サンクトペテルブルク）から従兄弟がやって来たときプリピャチが大変気に入って、ここに住みたいと言い出したぐらいです」。事故後、Aさんは政府が示した移住先に行けば、また安定した仕事と住まいがあったのだが、原発で働くことができなかった。娘も病気がちになり、せめて安全でストレスのない場所として夫の実家のあるジトーミルを選択した。ジトーミルに移住したけれど「それが正解だったとは必ずしもいえない。いわゆるナロジチ（第2、第3ゾーン）のように、移住しないで汚染された地域に住んでいる人もいて、そういう人たちには（政

1）1ウクライナグリブナ（UAH）＝約3.9円（2018年1月時点）。

府の）気遣いがあるが自分たちは関心（政府の気遣い）を持たれなかった。支援はナロジチに住んでいる人に集中し、自分たちにはあまり支援がなかった。唯一、ここ（ジトーミル）に来てよかったのは故郷に帰ってきたと感じることだ」と語った。

◎ Bさん（女性・70歳）── キエフへの移住ケース

〈プリピャチへ行った経過〉　Bさんは、キエフ州の村に生まれ、小学校1年生から11年生までチェルノブイリ市から5キロほどの村で学んだ。その後キエフの専門学校に進学した。専門は教育で教師の資格を得た。その後、食品加工の専門職だった夫と学生結婚した。当時は、卒業した者はみんな行き先（就職先）は政府によって決められていた。夫の就職先は、キエフから90キロ離れた町だった。その町で自分たちでアパートを借りた。1976年、夫の専門分野の人間をプリピャチで必要としているということで、プリピャチに移住した。最初はプリピャチで小学校低学年の子どもを教えていたが、幼稚園がオープンすることになり、オープンと同時に幼稚園の園長として雇用された。

〈事故前（プリピャチで）の生活〉　「プリピャチは非常に良いところだった。近隣との関係もよかった。自分たちの町という意識がとても強かった」。プリピャチは新しい町なので、移住してきた人は夢と希望を持ってやって来た。また住民はみんな移住者なので、自分たちが新しい町をつくっていくという意識が高かった。原子力発電にかかわる高い技術と知識を持つ高度専門職集団の人々が暮らす街だった。住環境にすぐれ、教育施設が充実し、旧ソ連の発展と繁栄を具現化した町であったと言える。

〈事故当時の状況〉　Bさんの夫（インタビュー時には故人）の弟が土曜日の夜に池に釣りに出かけた。その帰り道、プリピャチに入る手前の橋の上で爆発を見た。「弟は普通の労働者だったので、その爆発がどういう影響を及ぼすのか、どういう意味があるのかは全く気に留めずうちに帰り寝ました。しかし次の日、弟は原発で働く友人から事故の話を聞き、私に車で子どもと一緒にすぐに町を出るように連絡してきました」。Bさんは弟の子どもと自分の子どもを連れて、キエフの従兄弟を頼ってプリピャチを離れた。そして自分の姉に子どもを預け、自分たち（Bさん、夫、夫の弟）は月曜日に仕事があ

るのでプリピャチに戻ろうと、汽船のチケットを買いに行ったところ販売所で「プリピャチはみんな避難して誰もいない」と教えられた。事故後1週間は自分たちには何の情報もなく、1週間経って、政府がチェルノブイリ原発で事故が起こったことを公表した。「夫は強い人でしたが、夫の目には涙がこぼれていました」「その後非常に長い間ショックで苦しんでいました。とても素晴らしく、温かいプリピャチをずっと懐かしむことになりました」。

〈事故後もゾーンで働く⇒キエフに移住〉　Bさんは共産党員だったので、パリエスカという町で事故処理作業員のための宿泊、斡旋の仕事に従事するように指示された。パリエスカは放射線量が高かった。Bさんは1987年に重い病気にかかったためキエフに移住し、今のアパートが支給された。しかし夫は事故処理作業に従事し続けた。旧ソ連時代にはチェルノブイリ原発は事故後も稼動していたので、夫は原発作業員として働いていた。

　Bさんは、1987年から2005年まで移住先のキエフの幼稚園で働いた。「今、年金を3000グリブナもらっています。内訳は、普通の仕事をした老齢年金と事故処理作業にあたったための年金です。幼稚園の先生として働いてきただけでは1500グリブナしかもらえません」。

〈キエフ住民とのコンフリクトとノスタルジー〉　Bさんの息子はキエフ市内の小学校でとても苦しい思いをした。コートを切り裂かれて学校から帰ってきたり、グループでは仲間はずれになったりした。「アパートメントはもともとわれわれ用ではなくキエフ市民のために建設されたものだったので、親の気持ちが子どもを経由して悪意という形で伝わってきた」と思った。「今はないですが、こちらに来たときは、本当につらく、苦痛でした」。Bさんはもともとキエフの学校を出て、キエフに知人・友人も多い。キエフは好きだが、プリピャチでの生活が良かったので、つらい日々だったと語る。しかし、今ではキエフでの生活に慣れ、そのような思いは薄れていった。

◎Cさん（女性・37歳）――事故当時7歳でキエフに移住したケース
〈事故後は親と離れて生活した〉　3歳のときプリピャチに両親と移住した。父親は原子力エネルギーの専門家で母親は医療関係者である。事故後、母親と親戚のところに避難し、その後数ヵ月はロシア方面にいた。ロシアで小学校1年生を修了し、父親の生まれ故郷のオデッサに移住した。父親と母親は

原発関係者のためチェルノブイリでその後も働いた。母親がキエフのアパート支給を求めたので、母親とキエフに1988年にやって来た。父親は定年まで原発関係の仕事をした。原発作業員として事故後の処理にずっと携わっており、旧ソ連時代はとくに自由に移動ができないようだった。ウクライナが独立して両親と一緒に住むようになった。

〈キエフでの生活〉 Cさんは移住してきたとき8歳だったので、キエフ市のアパートで友人とトラブルがあった記憶はあまりない。キエフは大都市であり、工業画家専門学校に進学した後も文化アカデミーという高度な専門学校に進学できた。プリピャチに住んでいたらこの機会はなかったかもしれないと言う。プリピャチにそのまま住んでいたら、そこで仕事を見つけて家族をつくって生活していただろうと。「コンパクトで人々の付き合いも非常に良かった町だった」「私はプリピャチ市民であったことを非常にうれしく思っています。そこ（プリピャチ）での思い出は本当に良いものばかりでした。あなたは現在キエフ市民ですか、プリピャチ市民ですかと聞かれたら、心の中ではプリピャチ市民です」と語り、プリピャチへの思いは強い。

〈体調不良と食事への配慮〉 「放射能の影響かどうかはわかりませんが、慢性的な疲労、異常ヘモグロビン症、頻繁に起こる頭痛があります。自分の母は医者なので、ヘモグロビンや鉄分を多く摂取するような薬も飲んでいます。野菜は、恋人の実家の菜園でとれたものをできるだけ食べるようにしています。それでもスーパーで購入する割合は50％ぐらいになっている。残念ながら肉はスーパーで購入するしかない。全体ではスーパーの購入割合が70％ぐらいになる」と言う。Cさんは、表6-2に示される第2カテゴリーの手帳を持っていて被曝者として認定されている。今の補償は1ヵ月に60グリブナ（約2ドル）で、汚染されていない食料を得る支援を受けている。

〈次の世代への不安〉 自分も被曝者だし、恋人もプリピャチ出身者であるから、子どもはほしいけれど、生まれてくる子どもが健康かどうかに不安感を持っている。「私の友人でプリピャチから来た人は、子どもを産みました。健康な子どもが生まれました。けれど自分は心配です」。

3）第2ゾーンと第3ゾーンで移住しなかったナロジチ
ナロジチ市は、チェルノブイリ原発から約70キロに位置するジトーミル

第6章　原発被災者の長期支援の必要性　147

州の都市である。ナロジチ市の行政府ナロジチ議長R氏へのインタビュー
から、概況は以下の通りである。

　ナロジチ市の汚染状況には、第1ゾーンの強制避難地域、第2ゾーンの
強制移住地域、第3ゾーンの移住選択地域、第4ゾーンがある。事故後に
ナロジチ市の住民の約50％の人は移住したくないとウクライナ政府に回答
した。強制移住地域に多くの人が残った理由の一つは、旧ソ連政府が移住先
の住居を確保することが不可能だったことにある。もう一つは、先に移住し
た人が移住先での新しい環境に適応できないこと、とくに言葉（方言）が通
じないこと、移住先の気候に適応できないなど、移住したことによる悪い影
響の話を住民の人が聞いていたということがある。事故前に2万8000人の
人口が、現在の登録人口は9500人（大人が7500人（うち約4000人が年金受給
者）、子どもが2000人）である。実際には1万1000人ほどが居住している。

　ナロジチは事故の前も後も農業を基盤として生計を立てている人がほとん
どである。事故後は人々の収入が減り、地区の財政の85％は国からの補助
で、地区の税収は全体の15％に過ぎない。人口の約50％が高齢者になって
いる。事故後10年間は土地の除染が行われたが、現在は除染作業を実施し
ていない。ナロジチ地区でも放射線量が低く安全な場所もあるので、そうし
たところはゾーンの格下げをして、新しい農業のプロジェクトを呼び込みた
いと考えている。

　今のナロジチの問題は、補償が少なく収入を得るだけの十分な仕事もない
ことと、安全な食品をスーパーで購入できないことである。「ナロジチの周
辺部の森林は第1ゾーンであり、森林管理員を常駐させて、立入を監視して
いる場所もある。住民はどういうものを食べてはいけないか、内部被曝につ
いても十分に知識がある。しかし、貧困ゆえに森に入ってベリーやキノコを
採取し、ハンターが鳥獣を撃ったりすることがある。しかし、どれくらいの
人がどれくらいの量を食べているか、実態を調査したことはない。給料が少
ないほど森に入って食べ物をたくさんとるし、収入が十分ある人はお店で食
品を買います」。そこで、ナロジチ地区にとって必要なことを尋ねると「土
地をすべて除染することです。すべての土地を除染すること、そして次に
汚染されていない食料を人々に供給すること。健康管理（放射線量管理とは別
に）と、水道管が古いので水道システムの整備が必要だ」と答えた。

148　　第Ⅱ部　阪神・淡路大震災とチェルノブイリ原発事故から考える

◎ D さん（女性・42 歳）── ナロジチ地区に居住するケース

〈ナロジチに残る〉　D さんは事故当時、小学生であった。1986 年当時の家族は父、母、兄、D さんの 4 人である。現在は父、母、兄、D さん、D さんの息子の 5 人家族である。

　事故当時、父親は警察官だった。事故発生時から現場に入り事故処理作業員として働いた。D さん自身は事故後 3 ヵ月間保養所に行っていた[2]。家族は当初移住することを考えていたので、移住先のアパートメントの支給待ちだった。しかし、家族 4 人が住める広さのアパートメントの支給がまわってこなかったので、そのままナロジチに住まざるを得なかった。現在、73 歳の父親は警察官の年金と事故処理作業員としての年金をもらっている。父親は体調が悪いが事故処理作業との関係はわからない。

〈ナロジチに住む覚悟とあきらめ〉　「放射線量などの細かいことは気にしないでここに住むしかないと思っている。ナロジチで放射能と付き合って生きていくしかない。ナロジチに住むのは経済的な理由です」と語る。首都キエフに住み、アパートを借りることは今の給料ではできない。看護師として病院に勤務しながら学校でアルバイトをしている。その理由は、病院勤務は予算の削減があり、1 日働いて 3 日休む勤務のため、3 日間は小学校でアルバイトをしないと、生計が維持できないからだ。「正直、ここには将来の仕事もない、展望がない」。

〈給料がわずかにあるだけでも良い方〉　D さんの給料は 1 ヵ月 1500 グリブナである。1500 グリブナというのはナロジチで働いている公務員の平均給与である。これでは息子を養うことはできないので、不足の部分は両親の年金から支援してもらっている。

〈節約のため家庭菜園とベリーの採取〉　食料は自分の庭で作ったものを食べている。汚染されているかどうかは保健所に持っていって計測している。土壌の汚染が低い値の場所から採取するように気をつけている。採取したキノコやベリーを計測すると、基準値以上の値が出るところもある。

〈健康と平和への願い〉　「両親が健康で、子どもが健康でいい仕事が見つ

---

2)　チェルノブイリ被災者の健康保護施策の一つである。汚染地域に住む住民や被災者が保養目的で環境の良い地域で一定期間過ごす「保養」に対して、被災者のカテゴリーによって保養費が一定割合免除される（馬場・尾松 2016、pp. 60-61）。

かればよいと願っている。自分ではなく子どもの仕事が心配です。子どもは息子で、これから先、結婚してその家族を支えていかなければならないから。そして平和がほしいです。ウクライナは今、戦争[3]が起こっています。多くの予算が戦争のために使われています。2015年1月1日からチェルノブイリの被災者への権利が取り消されています」。

◎Eさん（女性・27歳）── ナロジチ地区に居住する第二世代のケース

〈第二世代の健康と経済的問題〉　Eさんは現在、小学校教師をしている。家族は父、母、夫、子どもの5人である。

Eさんは、事故当時生まれていなかった。小さい頃から放射能汚染の恐怖はあった。「大学を出て、他に選択肢がなかったので両親のところに帰ってきた」。原発事故が起こったとき、Eさんの父親は事故処理作業員としてチェルノブイリ原発に赴任した。家族は黒海沿岸の町に避難した。両親はナロジチから移住したい希望があったが、Eさんの祖母が土地を捨てることに反対し、家族は避難先から戻り現在に至る。

体調や現在の暮らしについて「慣れました」と答えるが、体調は悪く、足、心臓（循環器系）、神経系の病気があり、血圧も高い。健康診断にも行っている。「これからも生きていかなければならないので、このまま生活していきます」と慣れとあきらめのような言葉が多い。「ここを離れて違うところに住むだけのお金を稼ぐことはできません」という経済的な理由で残っている。新しい町での住居や家具などの費用を誰かが出してくれれば、すぐにでも移住したいとも答えている。

〈子どもへの不安〉　自分の子どもも健康状態が良くない。病弱で疲れや

---

3)　ウクライナでは、2013年11月にヤヌコーヴィチ大統領（当時）下の政府が、欧州連合（EU）との連合協定の署名プロセスの一時停止を発表したことを契機に、欧州統合を支持する市民を中心に抗議活動が国内各地で発生し、その後治安当局との衝突へと発展した。その結果、2014年2月に政権が崩壊、同年3月、ロシアがクリミア自治共和国とセヴァストーポリ市を違法に「併合」し、この地域では現在までロシアによる不法占拠が継続している。同年4月には、こうした動きを受けてウクライナ東部において、武装勢力が行政府庁舎等を占拠し、ウクライナからの分離独立を目指す動きが見られるようになったため、政府は、武装勢力に対する「反テロ作戦」を開始。この地域で政府部隊と武装勢力との間で激しい戦闘が発生し、現在も散発的な戦闘が継続している（外務省海外安全ホームページより）。

すい。肺炎によくかかる。けれど、ナロジチ地区の子どもは皆、健康状態が良くないと指摘する。「教師の給料では生活は非常に大変です。半月生活できるぐらいの給料です。1500 グリブナです。自分のことよりも子どもが健康であって、ちゃんとした教育を受けられるか、子どもたちの将来が気がかりです」と語る。「子どもを全員（事故）当初のように保養学校に通えるようにしてほしい。予算が削減されて全員が行けるわけでもない（事故処理作業員にあったさまざまな補償は削減され、今は保養権だけになっている）。とくに、2015 年から学校での給食が廃止になって自分たちで昼食を作っている」。

〈食への不安と経済問題〉　給食が休止してからは、ある家庭はパンとソーセージ、別の家庭はリンゴ 1 個、何も子どもに持たせていない家庭もある。「意識を失う子どももいます。空腹と暑さと疲れで子どもは弱っている。給食があったときは、給食を食べるためだけに学校に通っていた子どももいました。この原因は、ウクライナの経済状況です」。チェルノブイリ原発事故の影響よりも戦争によるものだと発言している。

4）インタビュー調査のまとめ

表 6-4 は、インタビュー対象者の事故当時から今日までの状況の概要を示したものである。被災者へのインタビューから以下の点を指摘できる。

①最高の生活からの急変

A さん、B さん、C さんは原発のために建設されたプリピャチ市民だった。事故後に自己選択によって移住地を決めた A さんも含め、3 人とも夢や希望を持ってプリピャチへ移住した。当時としては優遇された国民であり、専門的な知識や技術を持ったエリート階級の住民だった。それが一夜にして、生活は一変したのである。このショックは大きい。

②事故後の処理に携わり、原発従事者を続ける苦悩と健康被害への疑念

事後直後から、原発関係者や警察関係者であった夫や父親は家族を避難させて原発作業に従事している。A さんは、別のウクライナの原発に従事するように指示されたが、とても働くことができなかった。放射能の怖さやその後の影響について十分に知らされておらず、また家族は離れて生活することになる。その後の健康被害が原発事故によるものかどうか因果関係が明らかにされず今日に至る。本人たちは、早くに亡くなった夫や病気がちな子ど

表6-4　ケースのまとめ

ケース	A	B	C	D	E
避難元	プリピャチ	プリピャチ	プリピャチ	ナロジチ	ナロジチ
避難元の特徴	夢と希望の町（原発のために新しく建設された町）			農業地帯（穀倉地帯）	
最終移住先	ジトーミル	キエフ（住民とのコンフリクト）	キエフ	ナロジチ	ナロジチ
事故当時の生計者の仕事	技術者	専門職	親が技術者	親が事故後作業員	親が事故後作業員
事故後の選択	自己選択（二度目の移住で住居補償がなくなる）	強制移住	強制移住	留まる	留まる
現在の経済状況	経済的には安定	経済的には安定	経済的には安定	厳しい経済状況	厳しい経済状況
収入元（職業）	夫と二人年金	年金（夫は死亡）	恋人と二人（仕事ある）	公務員（生活できない）	公務員（生活できない）
食品への工夫	安全な食品を摂取（チェルノブイリ法）	安全な食品を摂取（チェルノブイリ法）	安全な食品を摂取（チェルノブイリ法）	家庭菜園（測定して摂取）	家庭菜園（測定して摂取）
健康状況	体調不良（罹患）	体調不良（罹患）	体調不良	体調不良	体調不良
不安感	健康不安子どもの将来	健康不安子どもの将来	健康不安子どもの将来	健康不安子どもの将来経済	健康不安子どもの将来経済
29年経過して	その選択が良かったかどうか	プリピャチ市民だった誇りと郷愁	心の中ではプリピャチ市民	ここで生きていくしかない	ここで生きていくしかない
次の時代へのつけ	子どもが健康でない	子どもが健康でない	自分の病気が心配で子どもを産むことに抵抗がある	子どもが健康でない	子どもが健康でない

もを見ると原発事故との関係を考えざるを得ないだろう。

③移住後の生活の安定は原発労働者であること

　皮肉にもチェルノブイリ原発事故による移住者は、現在では他のウクライナ国民より年金額が多い。チェルノブイリ法による補償と専門的な仕事に従事していた技術者であったためである。ナロジチで生活している2人は、給与でまかないきれないところを親から援助してもらっている。彼女たちの親もまた事故処理作業員である。ウクライナでは現在、政治不安や経済不安により、補償額の削減や補償政策の廃止が進み、食品への月額給付が縮小され

152　　第Ⅱ部　阪神・淡路大震災とチェルノブイリ原発事故から考える

つつある。

④経済的な問題が健康や食事に影響する

年金額が少ない、収入がない、しっかりした安定職でないと食の安全が保たれない。とくに、「ナロジチで今後も生きていくこと」とは、自家菜園の作物を食べ、森でベリーを採取し、保健所で測定するという生活である。さらに、補償が縮小されることで、厳しい経済状況になり、安全、安心そのものが揺らいでいる。ナロジチには産業がなく、農業が中心であったため生活は厳しい。現金収入が少ないため内部被曝につながる家庭菜園に依存しないと生活が続かない状況がある。不安があるがどうしようもない現状が推察できた。

⑤次の世代に引き継がれる不安

事故当時の子育て世代は高齢者になり、子どもだった者が親になる年齢になった。しかし、原発事故の影響を次の世代にも心配することになっている。健康に育つか、生まれてくる子どもは本当に健康なのか、不安が大きい。実際に因果関係が立証されなくても事実としてゾーン内に住んでいた人の子どもは病弱、不妊症、虚弱体質などの状態が多いとされている。このことを原発事故との関係で考えてしまうことが、事故の影響がいまだ人々に深く残されているしるしだといえる。

4　福島第一原発事故の被災者を考える上で重要なことは何か

旧ソ連時代に夢と希望を持って移住したプリピャチや、ウクライナの穀倉地帯として農業がさかんだったナロジチ地区は、事故後、立入制限や強制移住のゾーンになった。今でもゾーン内で生活する人と移住した人は同じ原発被災者であり、どちらも事故の影響を受けている。事故から30年経っても、被災者の健康状態は良くなく、子ども世代もまた良くないと語られている。次の世代に不安が継承されている。

一方で、今日まで健康に不安を抱えながらも生活ができたのは、チェルノブイリ法を根拠にした住居の確保や医薬品の減免、非汚染地域からの食品調達費の補助や給食費の免除などがあったからである。しかし、政府の財政難によって補償が縮小すると、被災者個人の経済事情によって安全な食品や適

第6章　原発被災者の長期支援の必要性　　153

切な医療を受けることに格差が生じてくる。少ない収入の人はゾーン内でも家庭菜園の野菜や果物を食べることになる。

本調査対象地はウクライナ北部のポリーシャ地帯という、農業を主要産業とする地域である。草地や牧草地や森林が農業生産に大きな比重を占めている。その結果、「公衆の被曝線量の主要な原因は、地元で収穫された食料を消費したことだった。近年では、事故後に国家経済が落ち込んだことを背景としてこうした状態が継続し、しかも複雑になっている」（ウクライナ緊急事態省2016、p.83）と示されている。

インタビュー調査では、ナロジチ地区やジトーミルの住民の一部は汚染地域で採取されたかもしれない食品を摂取していた。それらの食品はマーケットのような場所ではなく道路脇の露天商のように売られている。また値段もマーケットの食品より安いため、汚染食品とわかっていても経済的な理由によって購入しているケースも考えられた。

低線量被曝の影響や内部被曝による健康被害を証明することは難しい。しかし、第二世代といわれる事故後に生まれた子どもたちは健康でない状態が多い。またキエフに集団で移住した人々や事故当時に子どもだった人々も決して健康でない。被災者が補償対象のカテゴリーに属していれば、いくらかの安全な食品を購入する費用が支給されるが、日々の食の安全を考えれば全く足りていないのである。一方、生活できる年金をもらえるのは、事故後に事故処理作業員として従事した人や、事故前に原発関係の高度な仕事や専門的な技術を持っていた人に限定されている。

限定された調査ではあるが、インタビュー調査から見えてきた長期にわたる原発事故の影響を以下に示したい。1つ目として、原発事故後の補償があっても、その補償額は時間の経過や国の情勢によりやがて縮小していく。時間が経過し、収束しつつあると判断されると補償はしだいになくなっていくのである。そうした場合に、引き続き健康上、生活上の支援が必要であったとき、世帯の経済力によって対応の格差が生じてくる。経済的に厳しい状況になっている人ほど、食品や医療品など健康面への配慮ができなくなる。安全なものは高いため、道路脇の安い食品や家庭菜園で補給しなければならなくなるのである。

2つ目には、事故前の生活水準に戻らない以上、何年経っても被災者であ

154　　第Ⅱ部　阪神・淡路大震災とチェルノブイリ原発事故から考える

り、本人もノスタルジーやあきらめを感じてしまうようになる。責任の所在も明確でなく、運命で片付けられるほどのものではない。

3つ目に、はっきりとした因果関係が証明されなくても、事故の影響が次の世代に継承されている。第二世代の子どもたちは、免疫力低下、病弱、消化器系や呼吸器系、循環器系の病気にかかっていること、精神的な症状が見られる場合が多くなっている。親世代はこのことを非常に心配し、不安を持っている。心配で子どもを産むことも不安になっている。

福島原発事故から7年が経過した。被災者は、これからも事故前の生活水準や暮らしを取り戻すことができなければ、ずっと、精神的にも身体的にも事故の影響を受けて生きていくことになるだろう。しだいに収束状況と判断され、帰還困難区域以外の避難解除が進んでいる。また、2017年3月末で自主避難者への住宅支援が打ち切られた。補償が生計の大きな部分を占めていた経済的に厳しい世帯の生活が困難になっていくことは推察できよう。しかしながら、住居確保はチェルノブイリ被災者には大きく寄与したことからも、福島原発事故被災者支援には必要な施策であると考える。居住を選択する自由を保障し、安心・安全な暮らしを被災者が取り戻すためにも不可欠であろう。

参考文献

今中哲二（2012）『低線量放射線被曝 —— チェルノブイリから福島へ』岩波書店

ウクライナ緊急事態省（2016）『チェルノブイリ事故から25年 —— 将来へ向けた安全性』今中哲二監修、進藤眞人監訳、京都大学原子力実験所

尾松亮（2016a）『新版　3.11とチェルノブイリ法 —— 再建への知恵を受け継ぐ』東洋書店新社

尾松亮（2016b）「私たちは「法」なしに被害と向き合うのか」『世界』2016年5月号、岩波書店、pp.145-152

外務省海外安全ホームページ http://www.anzen.mofa.go.jp/sp/info/pchazardspecificinfo _2017T042.html#ad-image-0（2018.2.2アクセス）

高田純（2005）『核災害からの復興』医療科学社

日本アイソトープ協会「放射性物質による内部被ばくについて」https://www.jrias. or.jp/disaster/pdf/20110909-103902.pdf（2016.11.1アクセス）

日本原子力文化財団「東京電力福島第一原子力発電事故」https://www.jaero.or.jp/
　　data/02topic/fukushima/topics/index.html（2016.10.30 アクセス）

馬場朝子・尾松亮（2016）『原発事故　国家はどう責任を負ったか —— ウクライナと
　　チェルノブイリ法』東洋書店新社

馬場朝子・山内太郎（2012）『低線量汚染地域からの報告』NHK 出版

原田正純（1972）『水俣病』岩波新書

原田正純（2012）「水俣病から現代社会を考える —— 水俣学と 3.11 福島」（対話から始
　　まるおとなの学び）部落解放研究所編『人権教育啓発情報』290 号、解放出版社、
　　pp.2-9

原田正純編（2004）『水俣学講義』日本評論社

宮脇由希子（2015）「原発事故における大都市の住民保護 —— 被災地としてのキエフ
　　市を事例として」『国際公共政策研究』20（1）大阪大学、pp.149-164

ヤブロコフ、アレクセイ・V 他（2013）『調査報告　チェルノブイリ被害の報告』星
　　川淳監訳、チェルノブイリ被害実態レポート翻訳チーム訳、岩波書店

山下祐介・開沼博編著（2012）『「原発避難」論』明石書店

第7章

長期的避難生活を送る子どもを抱える家族への支援を考える

戸田典樹

はじめに

　福島第一原発事故後から30年後の姿がチェルノブイリにあるのではないか。福島第一原発事故により避難生活を送る人たちに、将来を見据えて今どのような支援が必要なのか。このような問題意識を持ち、2015年9月、チェルノブイリ原発事故による被災者調査を実施した。前章にも記されているように、チェルノブイリ原子力発電所事故は、1986年4月26日にソビエト連邦下のチェルノブイリ原子力発電所4号炉で起きた。当初、ソビエト連邦政府はパニックや機密の漏洩を恐れて事故を内外に公表せず、施設周辺住民の避難措置も取らなかった。このため多くの住民が数日間、事実を知らぬまま通常の生活を送り、高線量の放射性物質を浴び被曝してしまった。そして、事故後5年が経った1991年にロシア連邦法「チェルノブイリ原発事故の結果放射線被害を受けた市民の社会的保護について」（以下、チェルノブイリ法）が制定されている。

　チェルノブイリ法では、避難指示基準を年間被曝量5ミリシーベルト以上としており、移住を選択する基準を1ミリシーベルトから5ミリシーベルトまでとしている。一方、福島第一原発事故の場合については年間積算線量20ミリシーベルトを基準に設定されている。このため、チェルノブイリ法では移住することが認められる放射線量の地域から避難した住民であっても、避難指示が出されていないため「自主的」に避難した避難者とされ、支援や補償が限られたものとなっていた。日本では、このような状況におかれてし

157

まった自主避難者に対しても支援を行うことを目的とした「東京電力原子力事故により被災した子どもをはじめとする住民等の生活を守り支えるための被災者の生活支援等に関する施策の推進に関する法律」（以下、「子ども・被災者支援法」）が、2012年に超党派による議員立法により制定された。

　しかし、この「子ども・被災者支援法」は、実質的支援のあり方を政府が定める「基本方針」にゆだねるという大きな問題点を持っていた。このため法案提出から3ヵ月という期間で成立したにもかかわらず、政府による「基本方針」は1年を過ぎても策定されることはなかった。多くの批判が政府に向けられ基本方針が定められないまま、避難者から訴訟が提起されようとしていたところ、この動きを察知したかのように2013年3月15日に「被災者支援パッケージ」が出されている。これは自主避難者への新たな社会的支援を打ち出すものではなく、内容はほぼ既存の事業を再掲しているだけに過ぎず、さらに「居住」や「帰還」への支援が目立ち、「避難」についての支援、すなわち自主避難の継続や移住という課題が軽視されているものだった。

　その後、2013年10月に「基本方針」が策定されるが、これまで争点となっていた「支援対象地域」を決めるための「一定の基準」を明確にせず、「地域の社会的・経済的一体性等」という曖昧な基準により、福島県浜通りや中通りの33市町村だけを「支援対象地域」とするものだった。同じ福島県内でも会津地域や県南地域などはそっくり外されていた。岩手県、宮城県、栃木県、群馬県、茨城県、埼玉県、千葉県の101市町村は、追加被曝線量が国の定めた年間1ミリシーベルトを超えているため、汚染状況を調査測定し除染についての区域、実施者、手法などを定める除染実施計画を策定する「汚染状況重点調査地域」に指定されているが、これらの地域も対象としていない。指定から外れたこれらの地域は、施策ごとの趣旨目的に応じて支援を実施する「準支援対象地域」に区分けされた。基本方針で示された施策の内容も、「被災者支援パッケージ」などで示されている既存施策と大きな違いはなく、帰還対策に偏っていた。つまり、2013年10月に出された基本方針も、「子ども・被災者支援法」で保障されることが決まった「自主避難者」を含めた避難者の「避難の権利」を曖昧にする役割を果たしたのである。

　そして国は、原発事故後6年が経過し年間積算線量20ミリシーベルトの基準がクリアされつつあるとし、居住制限区域、避難指示解除準備区域の避

158　　第Ⅱ部　阪神・淡路大震災とチェルノブイリ原発事故から考える

難指示解除を進めた。さらに、2017年3月、自主避難者への借り上げ住宅の家賃補助を終了するなど、補償や社会的支援の収束を図っている。

しかし、いまだに福島県では子どもの甲状腺がんが「数十倍のオーダーで多い」という状況が生まれている。福島県は2011年から18歳以下の子ども37万人を対象に甲状腺エコー検査などの県民健康調査を実施している。県民健康調査における「先行検査」（2011～2013年度）は終了し、現段階では2巡目の「本格検査」（2014～2015年度）段階に入っている。これらの結果では、甲状腺がんの「確定」と「疑い」が174人に上っている。甲状腺がんの発症率からいえば、福島県の規模では18歳以下にがんが見つかる割合は2人程度であり、これはその80倍を超える驚異的な数字である。

この結果を受け、有識者による検討委員会は、「予想を超えるような多発が起きている」とした上で、その原因は「放射線の影響ではなく、過剰診断」の可能性が高いという見解を示している。しかし、このような見解に対して異論を唱える意見もあり、「放射線の影響に関する深刻な誤解」「福島で被曝によるがんは増えないと考えられる」として事故処理に一定の収束を図ろうとする政府などの意向に対して、不安視する意見も少なくない。現段階で原発事故が収束したという方針を示すことが適切なのか、疑問に感じる状況である。

本章では、福島第一原発事故とチェルノブイリ原発事故とでは事故の規模、経済体制、事故が起きた時期、起きた場所、事故後の経過年数、政治情勢などさまざまな点で差異があることを前提にしながらも、二つの事故を対比しながら、福島第一原発事故後、避難生活を送る避難者への支援課題を探りたい。

1 チェルノブイリ原発事故と福島第一原発事故における避難指示

チェルノブイリ原発事故と福島第一原発事故は、いずれも原発事故現場からの距離と汚染量によって避難指示が出されている。まず、チェルノブイリ原発事故では、当初に避難対象地域として30キロゾーンが設定されている。そして、事故後数年かけて30キロゾーン外の汚染状況が公表された。この結果をもとに「汚染地域」の区分が確定され、①住むことが禁止される

表7-1　チェルノブイリ事故と福島原発事故における避難指示基準の比較

チェルノブイリ事故	年間被曝量	
避難（特別規制）ゾーン	チェルノブイリ原発周辺30km ゾーンおよび、1986年と1987年に放射線安全基準に従って住民の避難が行われた地域	①政府が避難するよう指示した地域
移住義務ゾーン	セシウム137濃度40キュリー/km²以上または実効線量5ミリシーベルト/年を超える	
	セシウム137濃度15キュリー/km²以上40キュリー/km²未満	
移住権利ゾーン	セシウム137濃度5キュリー/km²以上15キュリー/km²未満かつ実効線量1ミリシーベルト/年超える	②政府が避難について住民の判断に委ねた地域（移住する権利はある）
	セシウム137濃度5キュリー/km²以上15キュリー/km²未満かつ実効線量1ミリシーベルト/年以下	
放射能管理強化ゾーン	セシウム137濃度1キュリー/km²以上5キュリー/km²未満実効線量1ミリシーベルト/年以下	③政府が避難する必要がないと判断した地域

出所：オレグ・ナスビット／今中哲二（1998）「ウクライナでの事故への法的取り組み」京都大学原子炉実験所 http://www.rri.kyoto-u.ac.jp/NSRG/Chernobyl/saigai/Nas95-J.html （2017.9.11 確認）；尾松亮（2013）『3.11 とチェルノブイリ法―― 再建への智恵を受け継ぐ』東洋書店、p.63；福島復興ステーション「避難区域の変遷について－解説－」http://www.pref.fukushima.lg.jp/site/portal/cat01-more.html （2017.9.11 確認）をもとに筆者作成。

避難（特別規制）ゾーン（第6章では隔離ゾーン、以下同）、②一部で強制避難が行われるが、「居住」と「移住権」が認められる移住義務ゾーン（移住ゾーン）、③一定の地域で「移住権」が認められる移住権利ゾーン（移住権付居住地域）、④一定の社会支援が実施される放射能管理強化ゾーン（特恵的社会・経済ステータス付居住地域）に区分けされ、移住への支援が行われる。このような地域で生活してきたのが「被災者」とされ、原発事故後5年を経てロシア、ウクライナ、ベラルーシでチェルノブイリ法として整備されている。

　これに対して、福島第一原発事故の場合、地震が発生した2011年3月11日から順次、福島第一原発からの距離をもとに避難指示が出されている。そして、2012年4月1日からは事故後1年間の被曝線量の合計（年間積算線量）に基づき、「帰還困難区域」「居住制限区域」「避難指示解除準備区域」

福島原発事故		年間被曝量
避難指示区域等	帰還困難区域	50ミリシーベルト超
	居住制限区域	20ミリシーベルト超〜50ミリシーベルト以下
	避難指示解除準備地域	20ミリシーベルト以下
特定避難勧奨地点		警戒区域や計画的避難区域外で、事故発生後1年間の積算線量が20ミリシーベルトを超えると推定される場所として、原子力災害対策本部が指定した区域。南相馬市・伊達市・川内村のそれぞれ一部の地域が指定され、2014年12月までに順次解除された。一律の避難や事業活動規制は求めなかった。このため避難するかどうかは、基本的には住民の判断に任された
避難指示対象外区域	支援対象地域	原発事故発生後、相当な線量が広がっていた福島県中通り・浜通り（避難指示区域等を除く）を子ども被災者支援法第8条に基づく「支援対象地域」とする
	準支援対象地域	支援対象地域以外の地域に、支援対象地域より広い地域で支援を実施するため、施策ごとの趣旨目的に応じて「準支援対象地域」を定める

に区分された。それぞれ年間積算量に基づき区分されているが、いずれも避難するよう指示された地域である。また、避難指示が出された区域以外で事故発生後1年間の積算線量が20ミリシーベルトを超えると推定される区域については、「特定避難勧奨地点」とし、一律の避難や事業活動規制は求めなかった。このため避難するかどうかは、基本的には住民の判断に任された。さらに、「避難指示対象外区域」として、「移住」に関する支援はないがその他の支援が実施される「支援対象地域」「準支援対象地域」が定められた。

　チェルノブイリ原発事故と福島第一原発事故では、避難指示の根拠となる基準値などさまざまな点で違いがあるが、「避難」という視点から**表7-1**のとおり両事故における避難地域区分を行ってみた。

2　両原発事故における被災者を対象とした調査

　本節では、表 7-1 で示した①政府による避難指示が出た地域、②政府が
避難について住民の判断に委ねた地域（移住する権利はある）、③政府が避難
する必要がないと判断した地域、という区分に従い、それらの地域で生活し
てきた住民に対して実施したインタビューについて記す。被災者たちの状況
を述べるとともに、チェルノブイリ原発事故と福島第一原発事故における被
災者の特徴や差異などの着目する点をあげている。

　インタビューは、2015 年 8 月から 2016 年 12 月にかけて、表 7-2 のとお
り対象者を選定して行った。

　チェルノブイリでは 25 名、福島では 42 名の被災者から聞き取り調査を
行った。被災者の状況はそれぞれ異なるものの、避難指示の有無による避難
生活、避難せず残る生活、避難したが帰ってきた生活などの典型的な事例を
とりあげ紹介する。

表 7-2　インタビュー対象者の被災者区分

	チェルノブイリ原発事故	福島第一原発事故
指示を受けて避難した人たち	避難（特別規制）対象地域 　プリピャチ　5 人	帰還困難区域 　大熊町　5 人
	移住義務ゾーン 　プリヴァローチ 6 人 　ナロジチ地区　2 人	居住制限区域 　浪江町　5 人
	移住権利ゾーン 　セレツ村　4 人	避難指示準備区域 　南相馬市　5 人
避難する状況にありながらも避難しなかった人たち	移住権利ゾーン 　ナロジチ地区 4 人	福島市渡利地区　5 人
避難指示を受けずに避難した人たち	—	福島市、郡山市、二本松市、伊達市　16 人
避難したが帰ってきた人たち	移住義務ゾーン 　ナロジチ地区　2 人 　サマショール　2 人	福島市　6 人

筆者作成

1）避難指示により避難した人たち

　チェルノブイリ原発事故では、年間1ミリシーベルトを基準として「避難する権利」が認められている。それに対して福島原発事故では、年間20ミリシーベルトという基準で避難指示が出されている。さらに、チェルノブイリ事故が30年前、福島原発事故が7年前に起こっているという違いがある。けれど、共通することは被曝による健康被害への不安である。

《チェルノブイリ原発事故の場合》
●子どもを産むことをあきらめたというユリアさん（37歳）
　チェルノブイリ原子力発電所を動かす技術者たちが生活するプリピャチで生まれたユリアさんは、家族や友だちとの別れなどの寂しい思いを語った。

プリピャチで生まれたユリアさん

　家族は3人です。父、母、私でした。3歳から7歳までプリピャチにいました。父は原子力エネルギーの専門家で、派遣されて原発で働くようになりました。母は医療従事者でした。
　原発事故が起こって母と一緒に避難しました。避難した先の村の名前は、小さかったので覚えていません。父は原子力発電所に残って作業を続けました。数日間そこの村にとどまって、そのあと親せきと話をつけて、その生まれ故郷のトリヤッチの親せきのところへ行きました。いったん今のロシアの方に行きました。数ヵ月はロシアの方にいました。私はちょうど爆発が、事故があったとき小学校1年生だったんです。その小学校1年生を最後まで修了するためにそのトリヤッチの学校に通って、数ヵ月勉強しました。そして、1年生のカリキュラムを修了しました。
　1年生が終わり、小学校2年生のときは1年間まるまる父親の実家であるウクライナのオデッサに行って、そこで2年生のカリキュラムを全部こなしました。避難先は、オデッサ州の中心とかではなくて、

第7章　長期的避難生活を送る子どもを抱える家族への支援を考える　　163

小さい村だったんです。その間、父と母のことは、正直、離れていたので、どういう状況だったかはわからなかったです。父は原子力発電所の復旧のため働き続けていました。母は、何か、アパートの支給を受けるために動いていたようでした。

その次の年（3年目）にアパートメントの支給を受けて、キエフに来ました。この窓から見えているその建物です。ここで、小学校3年生から暮らしていました。本当にさびしかった。でもこれも「運命」だったと思います。

私は、「被曝した」という経験から子どもを産むことをあきらめました。小さいときから、体調を崩したときに異常に恐怖に怯えたり、大きな精神的ストレスを抱えたりしました。

しかし、プリピャチという田舎からキエフという大都会に出てきたことは私の運命を変えました。一流の工業デザインが学べたという思いと、田舎で暮らしていたら穏やかな人生だったろうという思いが重なります。

また、ウクライナは現在、内戦状態にあり、たいへん苦しい生活を強いられています。経済状況が思わしくないため、多くの被災者が支援を打ち切られ困難な状況に陥っています。原発事故、そして内戦という出来事が、私たちの人生を大きく変えました。それが、良かったのか、悪かったのか、それは神様だけが知っていることです。

●カテリーナ・ボッフクさん（66歳）

チェルノブイリ原発で働いていたカテリーナさんは、放射線による子どもたちの健康被害への不安に怯え、病院へと通った子どもとの日々について語っている。

1976年に大学を卒業して、その当時、大学を卒業すると就職先は国から決められていたんですよね。そのときにチェルノブイリ原発に派遣されました。非常に綺麗な町でわれわれはとても気に入っていました。町の80％が若者でした。たとえば、潜水艦の技師というような非常に高い技能を持った専門家がたくさんいました。

娘は 82 年に生まれまして、事故当時 3 歳でした。彼女には腸の疾患が現れました。キエフの小児病院に運ばれたんですけれども、そこで大腸がんという診断を下されました。彼女は腸の一部を切除しましたが、そのとき両親ともにチェルノブイリ原発で働いていたということで、病気は被曝によるものと診断されました。

病気がちだった娘のことを語るカテリーナさん

　われわれ夫婦は事故が起こるまで 10 年間原発で働いていました。3 号炉でわれわれは働いていました。

　そうです。チェルノブイリ原発が原因と言われたのも、われわれ両親が 10 年間ずっと働いていたからなのです。精神的なダメージ、そして恐怖というものは大変なものでした。そして今もそれは続いています。

　事故後に私と夫は上層部から、チェルノブイリ原発からウクライナのフメリニツキー州にある原発で働くよう指示を受けてそこに行きました。ですがそこで私は働きませんでした。非常に大きなショックを受けたチェルノブイリの事故の直後に、また違う原発で働くことは私にはできませんでした。夫はそこで 12 月まで働きましたが、私は働きませんでした。その当時、政府の上層部に嘆願書をたくさん書いたところ、キエフとかクリミアとかソチとか、そういう大きい町以外であれば移住することを許すという許可を得ました。それで、自分と夫の生まれ故郷であったジトーミルで住む許可をいただいて、ここに来ました。

《福島第一原発事故の場合》
　福島原子力発電所のある大熊町の被災者に話を聞いた。彼らは、言葉を選びながらも政府や福島県など行政機関への不信感を語っている。さらに、補償や社会的支援を受けている被災者に対して、受けていない人たちが厳しい

目を向けているということも語られた。

また、被災者それぞれの生活再建が進み、仮設住宅や借り上げ住宅から新たな生活の場を求めて引っ越していく家族が多い。このため、避難し、仮の住家で暮らし、やっと学校が再開されて友達と出会えたのにまた別れる日が来て、心を痛める子どもも少なくないという、避難してきた子どもの困難な状況も語られている。

●行政機関が情報を隠しているという不信感を語る T さん（43 歳）

小さな子どもを抱える主婦の H さんは、子どもが被曝したのではないかと心配をしている。事故発生後、緊急時迅速放射能影響予測ネットワークシステム（SPEEDI）による放射性物質の拡散情報が住民に知らされていなかったため、放射線が飛び散る方向へと避難してしまったことなど正確な情報が知らされてこないことを何度も経験しているからである。

> 私たちは、地震があった日にバスに乗せられ、福島の方向へと逃げました。その結果、実は放射性物質の飛散する方向へと逃げていました。私たちはいいんですが、子どもになにか影響が出ないか、これから健康に生活していけるんだろうか、と心配しています。
>
> このような経緯があるので、私たちは本当のところでは政府や福島県がおっしゃることを 100％鵜呑みにするようなことはありません。たとえ、「大丈夫だ」と言われても信じるわけにいきません。子どもに、取り返しのつかないことがあったらどうするんでしょう。これから何十年と経過を見守っていって、何かあったときには、行動しなければならないなとは考えています。

●受ける支援や生活再建の違いで被災者同士が離れていくと言う S さん（40 歳）

被災自治体で働く職員である S さんは、避難先である地域の住民と避難してきた住民との関係について気になることがある。うまく地域に溶け込むことができないという問題である。それに加えて、子どもたちは突然の別れを経験する。新たな生活を始めるために家族とともに仮設住宅から転居する

友だちとの別れである。子どもたちは、離ればなれに避難し、やっと再会した友だちとふたたび別れることを悲しんでいる。突然訪れる別れを恐れるようになる。

　原発被災者と津波被害者、避難指示を受けて避難した人と自主避難した人、避難してきた人と避難してきた人を受け入れた人に対する補償や社会的支援の違いで、住民間に軋轢が起きています。特に、私たちの町役場には、あの人たちは慰謝料で「お酒ばかりを飲んでいる」「朝からパチンコで遊んでいる」など厳しい批判の言葉が聞こえてきます。その批判の言葉を意識してか、避難者だけで固まり、避難先との住民との交流が進まないという問題があります。お世話になっている分、地域や学校の行事に参加して、仲良くやっていく必要があると思うんだけど、自分たちだけで集まってしまいます。

　アルコール依存症よりは、最近多いのはやっぱ精神的なストレスからうつ病になっているという問題です。そういう方は結構話題には上がりますね。お母さんとかが病気になっちゃって、そのお母さんを見なきゃならない、子どもも見なきゃならないっていうことでお父さんが働きに行けないとか。そういった感じの方がいらっしゃいますね。あとは障害をお持ちのお子さんだと、そこに手がかかります。

　振り返ると、避難所にはほんとに保育士さんとか幼稚園の先生とかの応援が欲しくてたまらなかったです。うちもそういう町立はあったんですけど、なかなか職員数もいなかったので難しかったです。

　そういった中で、子どもの心って深いというか。普段、笑っているんですけど急に泣いてたりするんです。そんな姿を見ちゃうとぐっと心が痛むなあというときがありました。お母さんも避難所の状況でイライラしているのか、たまに段ボールで殴ったりしていました。それに怖くて、自分ら職員に抱きついてきたお子さんなんかもいました。それぞれ、子どもの避難所でのケアっていうのはすごく大切だと感じましたね。専門的な人が欲しいなと。大人は結構勝手にやるんで、いいんですよ。でも、子どもって、学校に行ってるからみんなでいれますけど、やっぱ避難所って中で学校にも行かずに日中ずっといるって

第7章　長期的避難生活を送る子どもを抱える家族への支援を考える　167

なると、やっぱ親もつらいんですよね。子どももつらいしお互いつらいんで、ちょっと大変でしたね。

また、避難生活が1年過ぎ、2年過ぎ、3年過ぎ、新しい生活を始めるために仮設住宅、借り上げ住宅から出ていく家族が増えてきます。特に、小さな子どもは、「誰々ちゃんところ、来学期から転校するって言ってたよ」と突然、友達が引っ越すことを聞かされると、たいへんショックを受けています。子どもたちにとっては、離ればなれになっていく同級生の存在がとても大きいです。家族で避難してきて、公民館や体育館に寝泊りし、そして、ホテルや旅館の二次避難所でやっと生活が落ち着き、学校にもバスで通えるようになった。そうして、集まった子どもたちが、また、ばらばらになっていくことはたいへんさびしいようですよ。

仮設住宅の集会所で行われている学習支援の大学生ボランティアは子どもたちが「残された時間を惜しむように友だちと話している」と聞いています。子どもたちには、友だちが1人、2人と転校していくたびに、「自分たちだけが残されていく」「大切にしてきた時間がなくなっていく」といった思いが生じているようです。

夏休み、冬休み、春休みの単位で子どもがいなくなってくんです。だからお兄ちゃんの方は、すでに会津の中学校に通っています。普通の生活をさせたいんですよね。毎学期、毎学期お友達のお別れ会があるような生活はおかしいですからね。

大熊町の小学生を対象した学習支援

大熊の小学校では、人数が少なくて、しっかりとしたサポートがあります。会津では、大人数クラスに先生一人ってなったときに、カルチャーショックっていうのはありました。

仲のいい友達がみんないなくなっちゃうというふうに6歳の子どもが

表 7-3　避難指示区域の被災者の特徴

	プリピャチ：避難（特別規制）対象地域（第1ゾーン）	大熊町：帰還困難区域
行政への不信感	内戦によって生活不安が起こっていると考えている	政府や福島県は、正確な情報を流さない
被曝への恐怖	子どもを産むことをあきらめた	「子どもと生活している間は、帰りません」
病気	原発事故が原因で発病した娘 頭痛に悩まされた幼少期	
精神的ストレス	精神的ダメージ、恐怖の継続	普段笑っているんですけど、急に泣いたりする 「避難所でのケアっていうのはすごく感じましたね」
人生や進路の見直し	「プリピャチという田舎からキエフという大都会に出てきたことは私の運命を変えました。一流の工業デザインが学べたという思いと、田舎で暮らしていたら穏やかな人生だったろうという思いが重なります」	（避難者で集まっていると）誰々ちゃんには「負けたくない」という気持ちがなくなるので転校させた
家族や友だちとの別れ	過去の不幸な出来事として語られている	友達がどんどんいなくなる 集まる場所がほしい
避難先での軋轢		避難してきたことを隠している 補償金で酒ばかり飲んだり、パチンコする人がいるから批判される

　泣くって異常だって思ったんです。それで、子どもたちだけでも正常にというか、普通の子どもたちと同じ生活させてあげたいなあと思って。それで、その悩みを少しでも解消できればなと思って兄弟ともに会津の学校に入れたんですけど。

　大熊と会津とどっちがいいかって正直わからないところですけど。中学生くらいだと、大熊の方が学習面ではきめ細かくできていると思います。

　でも、一方で部活ができないというデメリットもありますし。集団で暮らしていく中で、子どもも運動会とか、誰々ちゃんには「負けたくない」とかっていう、そういう心も育まれているので、いっぱい友達がいる方がいいのかなっていうふうには思っています。

　チェルノブイリ原発事故と福島原発事故では、子どもの健康被害やこれか

ら生まれる子どもへの影響に対する不安な気持ちは同じである。そして、家族や友達との別れ、避難先での苦労など、時間軸の違いはあるが、大きな悲しみや苦しみを伴っているという点でも同じである。健康被害への不安を軽減すること、新たな人生へとチャレンジする機会を保障することなどの支援課題が考えられる。

2）避難する状況にありながらも避難しなかった人たち

　チェルノブイリ原発事故被災者の中には、移住する権利を持ちながらもアパートなど受け入れ体制が整備されなかったなどの理由で避難できなかった人たちがいる。

　一方、福島原発事被災者の中には、避難指示区域と同じように放射線量が高いにもかかわらず、避難指示が出されなかった地域に生活する人たちがいた。事故から３ヵ月後、政府の原子力災害対策本部は、20キロ圏外で年間積算線量が20ミリシーベルトを超えると推定される地点（ホットスポット）を特定避難勧奨地点として避難指示を出す方針を示した。南相馬市、伊達市、川内村で約260地点が指定された。しかし、福島市の渡利地区は、指定をめぐり地区住民と政府が二度にわたり話し合いの場を設けるが結局、指定されなかった。渡利地区で生活する住民には動揺が広がった。

《チェルノブイリ原発事故の場合》

　チェルノブイリ原発事故においては、避難の権利が保障されながらも、移住先となるアパートの確保などに時間がかかっている。このため避難をせず、このまま生活するという選択も行われている。

●リュヴォーグさん（55歳）

避難する権利は持っているが避難しなかったセレツ村のリュヴォーグさんとタチアナさんに、インタビューした。

　　1986年の原発事故当時、3歳と5歳の子どもと夫の4人で生活していました。はじめは恐怖もあったし、パニックにもなりました。ここに専門家が来て、内部被曝の検査を受けたんですけど、すごく高い数

値が出たんです。私は「この土地のものを食べているのか」と聞かれました。自分たちで飼っていた豚などの肉、そして釣ってきた魚、牛乳、キノコをとってきて「こっちのものを食べている」と言ったんです。それで、「子どもを産んでも大丈夫なのか」と被曝を心配してくれたんですけど、93年に3人目の子どもを産みました。

セレツ村のリュヴォーグさん（左）、タチアナさん（右）

　1989年頃に、ファムテズっていう村に移住をする話が出て、実際そこを見に行ったんです。けれど、その村は「線量が高いから住むのはよくない」というような話を専門家の人から聞いたんです。それで、移り住むことをやめました。

　1997年になって、やっとジトーミルにアパートを支給されたんです。でも、そのときには、私たちには必要ありませんでした。ちょうど子どもがジトーミルの大学で勉強する時期だったんです。だから、アパートは大学に通う子どもだけが住むことになりました。

　もしすぐにアパートメントの支給を受けていたら、私はすぐに移っていたでしょう。そのときは、まだ子どもも小さかったから、それもできた。でも、支給されるとなったときには子どもも大きくなっていたし、私たちもこちらでの生活に不自由がなかったんです。また、新たな生活を始めるなんて考えられなかったんです。

●**タチアナさん（47歳）**

　私は1986年の事故のときは、ちょうどジトーミルの高等専門学校で勉強していて、87年に卒業してここに帰ってきました。そして、ここで結婚しました。私も両親も、ここを離れたくなかったです。また、ここを出ようにも、アパートが支給されたのは2000年だったから、それまで行く先もなかったんです。だから、ここに住み続けました。アパートはジトーミルから40キロくらい離れたカラステーシフ

第7章　長期的避難生活を送る子どもを抱える家族への支援を考える

という町なんですけど、いまそこには私の娘が住んでいます。

　私は事故後すぐに支給されたとしても移住はしなかったでしょうね。ここで1987年から2000年まではコルホーズで働いていましたし、コルホーズ崩壊後は2000年から村議会で働いているからです。セレツ村では内部被曝の数値は高いが、気にしていたのははじめのうちだけでした。時間の経過ともに放射線を気にしなくなってきました。今では、普通に山でとったキノコとか、農園で作った野菜を気にせず食べています。

《福島第一原発事故の場合》

渡利地区は、人口約28万人の福島市のほぼ中心部にある。渡利小学校と県庁は阿武隈川の対岸にあり、約1キロしか離れていない。JR福島駅へも2キロほど。花の名所の花見山、弁天山などもあり、季節には県外からの観光客でにぎわう。そんな地区が汚染状態にあることは、国や自治体にとって、できれば伏せておきたい不都合な真実だったのではないかとの指摘がある[1]。避難したくてもできなかった人たちに話を聞いた。

図7-1　渡利地区の位置

●子どもをできるだけ外で遊ばせないようにしているEさん（33歳）

　福島第一原発事故の場合では、特定避難勧奨地点として指定されなかった渡利地区で生活を続けるEさんにお話を聞いた。Eさんは5歳の子どもの母親で、夫と3人で生活している。渡利地区で生活する子どもがいる家族は、一様に不安な思いを語っている。

　　避難することも考えました。ただ、まわりがそんなことを許す雰

---

1) 東京新聞「庭の汚染土と暮らす　福島市渡利地区住民の怒り」（2015年7月28日）http://www.tokyo-np.co.jp/article/feature/tohokujisin/fukushima_report/list/CK2015072802000164.html（2017.11.13確認）

表 7-4　避難しなかった人たちの特徴

	セレツ村 移住権利ゾーン（第3ゾーン）	渡利地区（福島県） 支援対象地域
被曝への恐怖	心配されたが子どもを産んだ 大丈夫だと考えている	できるだけ子どもを「外で遊ばせないよう」にしている。子どもへの健康被害が不安で、気をつけるようにしている
苦しい生活	はじめは恐怖もあり内部被曝も心配したが、自分たちで飼っていた豚などの肉、釣ってきた魚、牛乳、キノコをとって食べてきた（選択肢がなかった）	避難しても生活が成り立たないので避難しなかった
行政による 支援	アパートの支給が遅れた	避難指示を受けた人だけが補償を多くもらっている
現在の望み	新たな生活を始めるなんて考えられなくなった	放射能をないものにする生活がある （今の状況をどうすることもできない）

囲気ではなかったんです。「頑張ろう福島」といって頑張る人たちが、
避難した人を「裏切り者」と批判するのを聞いていられませんでした。
でも、新たな場所で、子どもと二人で生活することに自信がなかったの
で、引っ越すことをあきらめました。自宅を購入したばかりで、夫
に仕事を辞めてもらうなんてことはできませんでした。私たちと同じ
ように「残る」ことを選択する家族も多かったです。できるだけ子ど
もを「外で遊ばせないようにしよう」と話していました。子どもへの
健康被害が今でも不安だし、気をつけるようにしています。

●放射能を「ないものにする生活がある」というA子さん（24歳）

　A子さんは独身で、特定避難勧奨地点に指定された地域で家族とともに
暮らしている。仕事は、復興支援を担うNPO法人の相談員である。

　　今の仕事では、福島が少しでも活気をとり戻して復興することのお
手伝いをしています。なので、後ろ向きなことを言ってはだめなんで
しょうけど、本音を言えば、放射線量が高いので将来の結婚、出産に
ついて不安を感じています。ただ、実際のところ家族を残して、仕事
を辞めて県外に出て働くという勇気もありません。放射線量なんて、

第7章　長期的避難生活を送る子どもを抱える家族への支援を考える　│　173

どれくらいまで下がったら大丈夫なのか、いつまで我慢すれば大丈夫なのかもわからない。突き詰めて考えてみれば不安です。けれど、今の状態をどうすることもできません。正直なところ放射線量が高い地域で暮らす不安があるんだけれど、自分だけには不利益が「及ばない」と考えるようにしています。ここでやっていくなら、そうしていくしかないと思います。ここでは放射能を「ないものにする生活がある」と思います。

チェルノブイリ原発事故では、避難することは認められていたもののアパートの支給が遅れていた。このため避難できない状態にあった。このため避難せず生活する選択肢しか与えられず、継続して生活している。結果として、問題なく生活してきたと語っている。

一方、福島原発事故では、避難の必要性が認められず、元の場所で生活を続けるしかない家族が存在している。健康被害に対する不安を軽減するため外出や子どもの外遊びを制限したり、食事などに気をつけたりして不安を抱えながら生活するか、あるいは、まったく自らには放射能の影響は及ばないと思い込みながらの生活が営まれている。

3）避難の正当性を認められなかった人たち（自主避難者）

避難指示を受けずに自主的に避難をする。いわゆる「自主避難」と呼ばれる人たちの問題がチェルノブイリ原発事故で取り上げられることはあまりない。避難の多くが、何らかの政府による基準に従い実施されている。

一方、福島第一原発事故では、避難指示を受けていない福島市、郡山市、いわき市などの地域からの避難した人たちが一時期、6万人ほど福島県外や県内の会津地域などに避難していた。

●「自責の念」に苦しんできたNさん

Nさんは、福島第一原発事故後すぐに、仕事で自宅を離れられない夫を残して、息子とともに親戚を頼って横浜に避難した。夫の両親が「早く帰ってこい」と頻繁に連絡をしてきたので仕方なく会津若松まで帰ってきた。夫は、職場がある福島市で生活し、週末に会津若松に通うことになった。

平日、主人は休みもなく働いている。ときどき休みに会いに来てくれるんだけど、疲れていてずっと寝ている感じ。息子は、主人に抱かれるとすごく泣くし、主人は「俺、いったい何しているんだろう」「何のために働いているんだろう」と落ち込んでいた。そんな夫の気持ちは理解できるんだけ

福島市、郡山市などから会津若松市に避難してきた県内自主避難者たち

ど、やはり私は放射能が怖い。家族が同じ方向を向いていれば問題はないのに「何しているんだろう」とも思った。子どものことを優先して、夫が「会津なら毎日通うから」と言うので帰ってきた。でも、会津でも買物が「怖い」と思っている私だ。「怖い」「いや大丈夫」と夫婦で言い合っていた。

　そうしているうちに夫の父が亡くなった。生まれたばかりの息子のことも見せることができなかった。抱っこもさせられなかった。「ひどい嫁だな」と思った。お葬式のとき、「赤ちゃんのことを心配していたよ」と親戚の人から言われた。何も言えなかった。同じ方向を向いていればいいのだけど、私たちは、向いている方向がばらばらだった。私は、なんて悪い嫁なんだろう。夫だけでなく、おじいちゃんやおばあちゃんも、つらい目にあわせた。原発事故がなければ、喧嘩なんかしなくてすんだのに、おじいちゃんとも仲良くやれたのに。悔やみます。でも、「避難してよかった」と思うようにしています。くよくよしないでいるようにしています。

● 「目立たぬ」ように生活してきた自主避難したOさん

　私たちは福島市から避難してきて、町の食堂に入り疲れをとっていました。たまたま、テレビには福島第一原子力発電所の爆発の映像が映し出されており、それを見た学生が「すごーい」「たいへん」と笑いながら話すところを観てしまいました。私たちは、別世界にやってきたんだなと思いました。

表 7-5　自主的に避難した人たちの特徴

	福島市、郡山市など（自主避難者）：支援対象地域
被曝への恐怖	「学校行事もたぶんそこでやるはずなんです。それの準備みたいな感じで、どんどん子どもたちを川の方で遊ばせたいみたいな感じの風潮が見える」
健康への影響	鼻血が止まらなかった
精神的ストレス	福島県民であることを隠したり、恥に思ったりする 自分だけ弁当を持参するつらさ 子どもが最も軋轢に苦しむ
人生や進路の転換	うまく行かないことがあると、もう全部引っ越ししてきたことのせいになってしまう 帰りたいという気持ちは波のようにときどき訪れる
家族や友だちとの別れ	あまりにも突然の出来事で、本人も納得がいかないまま転校させてしまった。不本意な引っ越しによって、学校に馴染めなかった
混乱	大丈夫と不安の相反する気持ち

　避難先で、温かく迎えてくれる人も多かったんですが、子どもの同級生の母親から突然、「前向きにならなきゃだめ」と話しかけられ驚きました。避難してきたことを誰に話したわけでもないのに、なぜ「前向きじゃない」と決めつけるのでしょう。

　娘も、学校になじめませんでした。地元で一緒に育ってきた子どもたちの中に入りこめず、孤立感を抱くようになりました。放射線が怖いという気持ちととともに、お母さんも、私も、インターネットの書き込みのように、放射性物質を異常に怖がる「放射脳」なんだろうかと泣きました。風評被害をまき散らしているわけではないし、補償金をもぎ取ろうなんて考えたこともないのに、ただ、子どもたちの健康のことだけを心配しただけなのに。私が娘に苦しい思いをさせたのではないだろうかと落ち込みました。だから私たちは、この地域で自主避難してきたことを絶対に誰にも話しません。他人事のように「目立たぬ」ように生活していきます。

　福島第一原発事故による自主避難者は、避難指示命令を受けていないにもかかわらず避難したことによって、避難の正当性を認められない状況に陥っている。つまり、自分たちの勝手な思い込みによって年老いた祖父母を残し、職場の仲間と別れ、地域とのつながりを断ったと批判された。さらに、避難

先での興味本位の目、子どもの不登校、就職困難、二重生活による経済負担などの困難に直面している。このような結果、子どものためを思い自主避難したことに後悔はないが、家族に苦難を強いたという「自責の念」に苦しんでいる。それに追い討ちをかけるように、必要のない支援を行っているという政府や自治体の姿勢が、「目立たぬ」ように生活する自主避難者を生み出している。

4) 避難したが帰還してきた人たち

福島第一原発事故における避難指示は、年間積算線量20ミリシーベルトを基準とした。それに対してチェルノブイリ原発事故では、年間1ミリシーベルトを基準として移住する権利を認めている。基準の違いはあるものの、指示によりいったん避難したが帰還することを決めた人たちと、避難が認められず帰還する人たちにどのような違いが生じるのか、考えてみたい。

《チェルノブイリゾーンに自らの意思で戻ってきたサマショール》

チェルノブイリ原発から30キロ圏内の避難（特別規制）ゾーンには、避難後に帰還したサマショール（自発的帰郷者）と呼ばれる人たちが生活している。畑仕事をし、豚や鶏を飼い、その他の食料は1週間に1回程度、移動販売車が来る。年金での生活を送っている。

●セメーニューク・イワノビッチさん

ここの村民は、強制移住させられたんですけども、放射能の被害などないので私たちはすぐに戻ってきました。140世帯の家族がここには戻ってきたんです。隣の村は半分ぐらいしか戻さなくて、その別の村はまったく戻さなかった。その理由は、140世帯の家族をここに戻したことを上の方が、間違いだということに気がついたからです。避難者を一度帰してしまうと皆が帰りたがることに気づいて、それ以降の人たちは帰還を許しません

イワノビッチさん

第7章　長期的避難生活を送る子どもを抱える家族への支援を考える　177

でした。それでこの地域は誰も生活できないような荒れはてた状態に
なってしまいました。

　帰ってきたかった家族の中には若い人たちもいっぱいいましたが、
このゾーンの中で子どもを産むことは許されていなかったので、ここ
への帰還は許可されませんでした。

　チェルノブイリ事故が起こってからは、このゾーンの中でのさまざ
まな仕事に女性を雇うときには50歳以上の女性しか雇われませんで
した。事故後、私は1986年から15年間、チェルノブイリで働いてい
ました。息子2人、そして妻と暮らしていました。なぜなら私たちは
放射能には問題がないと考えているし、怖がりませんから。

《福島第一原発事故の場合》

　福島第一原発事故の場合の帰還者は、県外に自主避難していた避難者で福
島市などの避難指示が出ていない地域に帰還した者と、楢葉町や南相馬市の
ように避難指示が解除された地域に帰還した者に分けることができる。それ
ぞれの帰還者から話を聞いた。子どもを持つ帰還者は、健康被害を心配して
いた。また、高齢夫婦の帰還者は、若い人たちが帰ってくるのか、復興がで
きるのかという心配を語っていた。

●離婚により実家のある福島市に戻るしかなかった自主避難者のＳさん
（34歳）

　避難先の山形市から福島市にある実家に戻ってきたＳさんは、生まれた
ばかりの娘と夫と3人で避難した。当初は、お金はなくても幸せな生活だっ
たが、しだいに夫婦の間に微妙な溝が生まれていった。そして、2015年3
月に離婚、4月からＳさんは、子どもを連れて福島市の実家に戻っている。

　夫は、自分が山形市から福島市へ通勤していることを、とても強調
するんです。何かというと自分だけが犠牲になっている、頑張ってい
るというようなことを言うんです。でも、実際、避難しようと決めた
のは、二人で話し合ったことだし、避難先から仕事に通うっていうの
も承知のうえで避難してきたはずなんです。借り上げ住宅の費用が出

ないこと、小さな子どもを抱えて私が働けないこと、いろんな苦労があるけど、頑張っていこうと約束したはずなんです。でも、いちいち「俺が犠牲になっている」みたいな態度をとってもらうとだんだん一緒に生活することが苦しくなってきました。

福島市へ帰ってきた自主避難者たち

　離婚が決まり、子どもの親権を私が持つことになり、このままでは生活できないなと考え、福島市の実家に戻ることになった。でも、食事には気をつけています。福島産のものは、安全なのか注意するようにしています。

● 父親と離れて暮らすことは「よくないな」と考え戻った自主避難者のYさん（36歳）

　避難先から郡山市に帰ったYさんは、これ以上、家族と離れて生活することは難しいと、借上住宅の家賃補助が終了する2017年3月末をもって、自宅に帰る決断をしている。

　戻ると決める1年前ぐらいから、夫からは「もう大丈夫だ」と言われていたんです。うちの夫、実は医療技師をしていて、医療者向けの講演会などを聞いたりして、自分なりに調べてきて「もう大丈夫だと思う」って言ってきたんです。だけど私はやっぱり何があるかわからないっていうのがあって、「じゃあお兄ちゃんが小学校に上がるまで」って言うので、今まで避難していたんです。だから小学校1年の入学を機に、この4月に帰ってくることにしたんです。
　最初は戻りたくないなって正直、思いました。夫が、週末でも埼玉の川越に通うのは、片道、車で3時間から4時間かかるんで、体力的にもしんどそうでした。疲れていても来るんですよね。「来なくていいから」って言っているんですけどね。やっぱり疲れた身体で、金曜日に仕事終わったあと、夜遅く来て、土日を過ごして、また日曜日に

帰って月曜日から仕事っていうのはきついです。風邪も引きやすくなるし、治りにくくなるし。あと夫とは10歳違うので、白髪も増えるし、なんか身体がボロボロな感じに見えるので、かわいそうだなっていうのが本当のところです。あとは子どもたちが、夫が週末郡山に戻るときに、「帰らないで、帰らないで」って泣くんです。

　経済的にもやっぱり二重生活ってとても負担で、自主避難はなんの支援もなかったので、二重生活の経済的な負担と、子どもと父親は離れて暮らすのは良くないなとは思っていて、いずれは戻らなきゃいけないけれども、そのタイミングが。郡山に戻ったらやっぱり放射能と付き合っていかなければいけないし、なんとなく私の性格上「まあ、いっか」ってだんだん食べ物も生活も、ガードが固かったのが、たぶんいろいろ受け入れてくると思うんです。それにある教育施設で紙芝居を見たんですけど、「大雨が降ったらびしょ濡れになるでしょ。でも小雨ならすぐ乾くでしょ。放射能もいっぱい浴びたら身体に悪いけど少しの放射能なら全然害がないのよ」というものでした。

　こんな状況ですから、少しでも距離を置けば自ずと放射能からは離れられると考えていたんです。でも、いろいろ天秤にかけたときに、やっぱり郡山に帰って家族で過ごす方がよいと考え、2番目の子どもが小学校に入るきっかけに帰ることにしました。やっぱり家族一緒に住んだ方がいいのかなって思いました。

●「仮設にいても仕事がないし」というAさん
　南相馬市小高区在住のAさんに話を聞いた。南相馬市は、避難指示解除準備区域、居住制限区域、帰宅困難区域に分かれ、全住民約1万3000人の避難者が存在した。2016年7月12日に居住制限区域と避難指示解除準備区域において避難指示が解除された。Aさんは、1年前の7月18日から小高区で特例宿泊を続け、生活をしてきた。当初、1割しか帰らないと考えられていたがもう少し多いようである。ただし、帰っているのは、高齢者だけである。

　小高区の復興について、次のように語っている。

これからだよね、一気にはできないから。これからここに来る人っていうのは、ほんと若い人はあんまり来ないので、だから、町おこしでNPOに参加してくれる人は大事だと思う。「ここで生活したいんだよ」って言ってくれて、ここの人たちと触れ合って、そうすると、またよそからも、女の子なんか入って来るんですよ。それで、そういう人たちの輪が広がれば、小高もなんとかなるんじゃないかなって思いがあるだね。だから、一気に今がうんぬんじゃなくて、「5年、10年のスパンで、私は見たいな」と思うの。だって今、80歳だって元気でバリバリっていう人たちが多いので、私、今70歳なんだけど、これからまだまだやれるじゃない。市役所ではね、とりあえず婚活なんていう話はね、チラシ出してあるんです。ところが、女性が少なくて、男性がその倍もいる、みたいな感じです。やっぱり女性は、小高に住みたいっていうのはあんまりないよね。鹿島や原町ならね。また、浪江が、けっこう若い人も戻るような感じするの。まあ、浪江に若い子が来れば、小高にもけっこう、じゃあ浪江より小高の方がってな思いで来る人もいるじゃないですか。でも解除されると慰謝料がなくなる。1年くらいはあるかもわからないけども。一番私ら怖いっていうのは、今までね、ぜんぜん仕事しないで、仮設の中で、朝から晩まで、何やっているかはわからないけど、そういう人いっぱいいるのね。いっぱいいるんですよ。それで、その人たち、やがてどういうふうな生活するの？　もう、仮設住宅は引き払わなきゃならないし。これからどうすんのって心配している。

　チェルノブイリ原発事故の場合では、いったん避難したものの住み慣れてきた避難元の方が良い生活が送れると帰還した人がいる。多くの場合は、高齢者だ。避難先でアパートなどを支給されて、生活する条件を整えられた上での決断である。小さな子どもを抱える家族も避難したが、やはり元の仕事に就くことを前提に避難している。
　それに対して福島第一原発事故の場合、自主避難者が借上住宅の家賃補助を打ち切るという経済的問題でいきづまり、避難生活が継続できずに帰還するという問題が起こっている。さらに、避難元に残り働く父親、年老いた祖

表 7-6　避難したが帰還してきた人たちの特徴

	避難ゾーンに自らの意思で戻ってきたサマショール	支援対象地域に帰ってきた自主避難者避難指示解除による帰還者
被曝への恐怖	子どもたち家族だけ帰還が許されていない 放射能を気にしていない生活がある	夫婦間での放射線被曝についての考え方の違いから離婚した
人生や進路の転換	強制移住させられたんですけども、私たちはすぐに戻ってきました。140 の家族がここには戻ってきたんです。隣の村は半分ぐらいしか戻さなくて、その別の村はまったく戻さなかった	子どもの進学を機に地元に戻った 「やっぱり家族一緒に住んだ方がいいのかな」 子どものことを一番に考える生活 仮設で生活していても仕事がない
行政に対する不信感	避難者を一度帰してしまうと皆が帰りたがるっていうことに気がついて、それ以降の人たちは帰還を許しませんでした。それでこの地域は誰も生活できないような荒れはてた状態になってしまいました	教育施設が放射能は少しなら大丈夫と説明していた
精神的ストレス	息子二人そして妻と暮らしていました。なぜなら私たちは放射能を怖がりませんから	放射能を恐れると異常となる

父母の介護などの問題が重なり、他方、子どもたちへの放射性物質による健康被害への不安は払拭されていない。生活していくうちに放射能を「気にしなくなった」という人がいる一方で、Ｓさんのように今もなお「家では牛乳を飲まないようにしている」と内部被曝を心配している人がいる。帰還してきたからといって放射性物質への不安が完全に払拭されていない人がいる。福島に帰還してきたことを、自分の中では「整理できない」と不安を語る人もいる。

3　考察

　チェルノブイリ原発事故と福島第一原発事故との大きな特徴を、表 7-7 にまとめた。福島の避難者にとっては放射性物質による健康被害への不安は終わっていない。とりわけ小さな子どもとともに生活する家族にとっての不安は大きい。また、子どもたちもまた、避難生活によって「被曝しているの

表7-7　チェルノブイリ原発事故と福島第一原発事故の避難している家族の影響

	チェルノブイリ原発事故	福島第一原発事故の避難者
避難指示により避難した人たち	一定の期間が経過した中で、健康被害や進路変更を過去の出来事として捉えている	家族や友だちとの別れ、避難先での苦労が現在進行形で起こっているという特徴が見られる
避難する状況にありながらも避難しなかった人たち	補償や支援が縮小していく中で、放射能の影響を考えない生活を振り返る	不安を抱えながら避難せずに生活を続ける家族が存在している。子どもたちの外遊び、食事などに不安が生じている
避難の正当性を認められない人たち（自主避難者）	自主避難という問題が大きくとり上げられた事例にあたることはできなかった	自主避難者が自らの決断で「避難」したことによって多くの困難を抱え、「正しかった」と「間違っていた」という思いが交錯し「自責の念」を抱く人たちも出てくる状態となっている。追い討ちをかけるように、必要のない支援を行っているという政府や自治体の姿勢が、多くの自主避難者を苦しめている。子どもたちも学校での不適応やいじめという問題にさらされている
避難したが帰還してきた人たち	避難者が住み慣れた避難元の方がよいと帰還を選択している。避難先では、仕事がない、なじめないなどの問題があり、住み慣れた自宅のある町へ帰った	借上住宅の家賃補助が打ち切られるなど補償や支援の縮小によって避難先での生活が難しくなり仕方なく帰還するという構造が生じている。このため子どもたちへの放射性物質による健康被害への不安は払拭されていない

ではないか」「父親や祖父母をおいて避難してきている」「家族でたくさんの補償金を受け取っている」「必要のない避難をしている」など、さまざまな憶測の目にさらされ、いじめなど、学校に通いづらい状況が生じている。また、福島に戻った場合には、放射性物質に不安を感じ、外遊びや食事などに制限を加えられている子どももいる。

　以上のように、チェルノブイリ原発事故と福島第一原発事故における被災者の聞き取り調査を行った。その結果、両国の被災者の状況は、支援や補償の縮小に苦しんでいるという点では共通していた。しかし、支援や補償の縮小の原因が、内戦による経済の衰退であるチェルノブイリの場合と、事故の収束をアピールし、強引に避難指示を解除し、住宅支援を終了させようという政策をとる福島第一原発事故の場合では異なる。チェルノブイリにおける被災者の中にあきらめの気持ちがあるのに対して、福島第一原発事故による

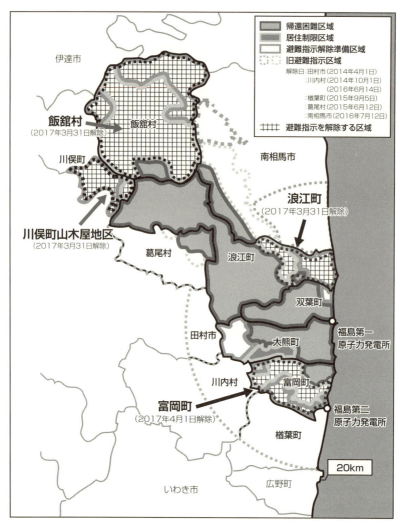

図7-2　避難区域の状況（2017年3月10日時点）
出所：ふくしま復興ステーションHP「避難区域の変遷について」http://www.pref.fukushima.lg.jp/site/portal/cat01-more.html　（2017.9.18確認）

被災者の中には根強い政府や福島県への不信感が存在する。つまり、いまだに情報を隠しているのではないだろうか、安全であるという発表は本当に正しいのだろうか、と被災者は疑心暗鬼になっている。とりわけ子どもを持つ家族にとっての不信感は大きい。

　この不信感を裏づけているのだろうか、2016年7月12日に避難指示が解除された南相馬市小高区では、事故前の人口1万2842人に対して2017年8月31日で2156人（16.8%）が帰還したに過ぎない。

　また、2017年に入って避難指示が解除された飯舘村、川俣町、浪江町、富岡町でも、復興庁などが実施した住民意向調査によれば、**表7-8**のとおり「戻らないと決めている」という回答が飯舘村31.3%、川俣町31.1%、浪江町52.6%、富岡町57.6%である。「まだ判断がつかない」を含めると、飯舘村55.3%、川俣町44.7%、浪江町80.8%、富岡町83.0%という割合の避難

表7-8　帰還意向調査の結果

	戻りたいと考えている（将来的な希望も含む）	まだ判断がつかない	戻らないと決めている	無回答
飯舘村（2015年12月）	32.8%	24.0%	31.3%	11.0%
川俣町（2016年11月）	43.9%	13.6%	31.1%	－
浪江町（2016年9月）	17.5%	28.2%	52.6%	1.7%
富岡町（2016年8月）	16.0%	25.4%	57.6%	－

出所：ふくしま復興ステーションHP「避難地域12市町村の詳細」http://www.pref.fukushima.lg.jp/site/portal/list271-840.html　（2017.9.18確認）

表7-9　帰還意向調査の結果（18歳未満のいる世帯）

	戻りたいと考えている（将来的な希望も含む）	まだ判断がつかない	戻らないと決めている	無回答
飯舘村（2015年12月）	22.4%	22.0%	50.6%	5.1%
浪江町（2016年9月）	12.9%	23.6%	63.2%	0.2%

出所：ふくしま復興ステーションHP「避難地域12市町村の詳細」http://www.pref.fukushima.lg.jp/site/portal/list271-840.html　（2017.9.18確認）

第7章　長期的避難生活を送る子どもを抱える家族への支援を考える

者たちが帰還を躊躇している。

　さらに、18歳未満のいる世帯だけをとりあげたデータがある飯舘村と浪江町を見てみると、表7-9のとおり「戻らないと決めている」としたのが飯舘村50.6%、浪江町63.2%である。さらに、「まだ判断がつかない」を入れると飯舘村72.6%、浪江町86.8%という割合の避難者たちが帰還することを躊躇している。

　このような状況にもかかわらず、政府は、自主避難者の住宅支援を打ち切るという方針を示している。図7-3のとおり、これまで災害救助法に基づき提供してきた応急仮設住宅や民間住宅を自治体が借り上げている「借り上げ住宅」について、当初2年間の期限だったものを、避難指示区域以外からの自主避難者に対しては4度の延長を経て6年が経った2017年3月限りで打ち切っている。さらに、年間積算線量が20〜50ミリシーベルトの「居住制限区域」と、同20ミリシーベルト以下の「避難指示解除準備区域」を2017年3月までに避難指示を解除している。この解除に伴い、対象地区の住民への慰謝料の支払いは2018年3月で一律終了するという方針が示されている。

　この措置に伴い、表7-10のとおり24都道府県が独自に無償提供延長などの支援を行う一方で、19県が独自支援を見送っている。住民の帰還の動きが鈍い中、都道府県の判断にばらつきが出てきている。

　このような支援や補償の縮小が、被災者たちを経済的に追い込むだけでなく、精神的に追いこんでいる。政府が安全を主張することに不信感がつのる。さらに、必要のない避難をしていると批判され、家族、親戚、友人などこれまで築いてきた人間関係にも影響が出ている。

　このような状況におかれている被災者の生活をまずは安定させることが必要ではないだろうか。避難生活を継続することを希望する世帯には、まずは落ち着いた生活を取り戻すために経済的支援はもちろんのこと、住宅支援、健康被害を防ぐための健康診断、医療費補助などを行い、被災者の納得が得られる支援が求められる。

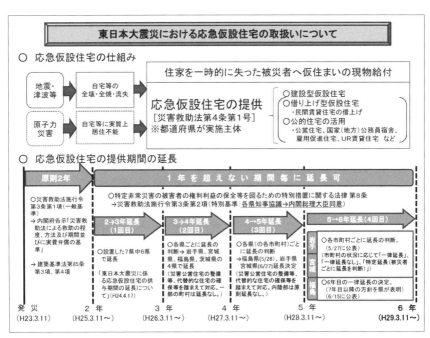

図 7-3 東日本大震災における応急仮設住宅の取扱いについて
出所：復興庁（2015年6月19日）http://www.reconstruction.go.jp/topics/main-cat2/20150619_kaigishiryou.pdf.pdf

表 7-10 住宅無償打ち切り後の独自支援の有無（福島県を除く）

独自支援あり (24都道府県) 計3607世帯	北海道、青森、秋田、山県、埼玉、東京、神奈川、新潟、福井、山梨、長野、岐阜、愛知、滋賀、京都、大阪、奈良、鳥取、島根、広島、香川、愛媛、福岡、沖縄
なし (19県) 計1237世帯	岩手、宮城、茨城、栃木、群馬、富山、石川、兵庫、和歌山、岡山、山口、徳島、高知、佐賀、長崎、熊本、大分、宮崎、鹿児島
検討中 (3県) 計386世帯	千葉、静岡、三重

出所：YOMIURI ONLINE NEWS（2017）「原発事故で自主避難、住宅支援に今春から格差」
http://www.yomiuri.co.jp/national/20170104-OYT1T50000.html?from=ytop_top （2017.1.4確認）

おわりに

　本章では、福島第一原発事故の 30 年後の姿がチェルノブイリの現在にあるのではないかという問題意識を持ち、福島第一原発事故により避難生活を送る人たちの将来を見据えて、どのような支援が必要なのかを考えようとした。この方法として、チェルノブイリ原発事故と福島第一原発事故において被災した子どもを、①避難指示により避難した人たち、②避難する状況にありながらも避難しなかった人たち、③避難の正当性を認められない人たち、④避難したが帰還した人たちに分けインタビューを行った。これらのインタビューをもとに、チェルノブイリ原発事故と福島第一原発事故における被災者の特徴や問題点などを浮き彫りにした。このような作業から両国の被災者の状況は、支援や補償の縮小に苦しんでいるという点では共通していることがわかった。

　しかし、支援や補償の縮小の原因が、内戦による経済の衰退であるチェルノブイリの場合と、事故の収束をアピールして支援や補償を計画どおりに終了させようという政策をとる福島第一原発事故の場合という点で違った。福島第一原発事故による被災者には、根強い政府や福島県への不信感が存在する。そして、補償や支援、放射性物質に対する考え方の違いで被災者間に軋轢が生まれていること、このような状況から家族間での不調和や親しい人との別れが生まれ、子どもに大きなストレスがかかっていることなどがわかった。とりわけ子どもを持つ家族にとって健康被害への不安は大きい。それにもかかわらず、政府は避難の必要性を認めない。このため避難者は、必要のない避難を行う人たちだとレッテルが貼られている。このため避難先では子どものいじめ問題が、横浜や新潟などの事件を典型として起こっている[2]。本章で示したさまざまな問題を抱える避難家族が納得できる、それぞれの家族の状況に応じた柔軟な支援、対応が必要となっている。

---

2) 毎日新聞「いじめ　福島から避難生徒、手記を公表　横浜の中 1」（2016 年 11 月 15 日）https://mainichi.jp/articles/20161116/k00/00m/040/063000c（2017.12.9 確認）；朝日新聞デジタル「原発避難者へいじめ、新潟の中学でも　鬼ごっこで「菌」」（2017 年 1 月 20 日）http://www.asahi.com/articles/ASK1N5DSLK1NUOHB00R.html（2017.12.9 確認）

参考文献

医療問題研究会編著（2016）『甲状腺がん異常多発とこれからの広範な障害の増加を考える』（増補改訂版）耕文社

大谷尚子・白石草・吉田由布子（2017）『3.11 後の子どもの健康 —— 保健室と地域に何ができるか』岩波ブックレット

尾松亮（2013）『3.11 とチェルノブイリ法 —— 再建への知恵を受け継ぐ』東洋書店

カーター、M／クリステンセン、M・J（1996）『チェルノブイリの子どもたち』小中陽太郎監訳、教文館

宗川吉汪・大蔵弘之・尾崎望（2015）『福島原発事故と小児甲状腺がん』本の泉社

馬場朝子・尾松亮（2016）『原発事故　国家はどう責任を負ったか —— ウクライナとチェルノブイリ法』東洋書店新社

日野行介（2016）『フクシマ 5 年後の真実　原発棄民』毎日新聞出版

日野行介・尾松亮（2017）『フクシマ 6 年後　消されていく被害』人文書院

広河隆一（1991）『チェルノブイリ報告』岩波新書

森松明希子（2013）『母子避難、心の軌跡 —— 家族で訴訟を決意するまで』かもがわ出版

山下祐介・市村高志・佐藤彰彦（2016）『人間なき復興 —— 原発避難と国民の「不理解」をめぐって』ちくま文庫／（2013）明石書店

吉田千亜（2016）『ルポ母子避難 —— 消されゆく原発事故被害者』岩波新書

第8章

福島原発事故避難者問題の構造とチェルノブイリ法

大友信勝

1 研究の背景と目的

　福島原発事故における避難者問題の構造と本質に迫るのが本論の目的である。原発事故によって、最も人間的に普通の生活ができなくなり、脅かされるのは誰か。原発事故によって最も困難な立場におかれている被災者の視点、立場からみないと問題の深刻さと痛みがわからない。研究仮説を被災者視点の立場におくと、キーワードは「避難」になる。しかし、「避難」が直面するのは、住み慣れた家、仕事（社会的活動）、地域・社会関係から離れるのかどうかという心配とリスク、子どもや家族の健康と生命にまさるものがないという信念、一方での予想される仕事や住宅の確保をめぐる問題や経済的困難、それらをクリアできるのかどうか。避難問題は、健康と生命に対する価値観、安全神話の理解の仕方によって、また家族関係や世代間の亀裂、自主避難か強制避難か、また強制避難といっても、避難の類型・基準による賠償額の違いなどによって、さまざまな分断、相互不信等を内部に抱え、揺れ動いている。

　福島原発事故から7年が経過し、原発避難は東京オリンピック・パラリンピック（2020年）に復興を印象づけようとする新たな帰還政策のもとで重大な転機に立っている。原発事故による避難者問題において、制度的な被災者支援からほとんど外され、「漂流」する状態に置かれているのが「自主避難者」である。新たな帰還政策は「帰還困難区域（年間放射線量50ミリシーベルト超）」を除いて、2017年3月、避難指示を解除するというものである。す

でに実施された避難指示解除地区において、帰還者は 10% 前後の実績にとどまり、「帰還できない・しない」という新たな「自主避難」がつくり出され、さらにつくり出すことになるのが帰還政策の特徴である。被災者支援の大幅な縮小、切り捨て、転換が政策的に展開されているとみることができよう。

　原発避難政策は、避難の類型、基準、解除がすべて政府の方針に基づき、そこに被災者による避難の権利が「子ども・被災者支援法」の「事実上」の「骨抜き」によって、法的に認められていない。つまり、「避難の権利」が確立されていないのが福島原発事故の特徴である。原発避難政策の形成と運用は、政府が推薦する専門家や担当省庁の見解、意見が企画・実施に影響を与え、被災当事者の視点、立場が後景に押しやられている。

　チェルノブイリ原発事故（1986 年）から 31 年を経過し、ソビエト連邦崩壊に向かう政治的混乱の中で、チェルノブイリ法（チェルノブイリ原発事故被災者の定義と社会的保護について）は 1991 年、ウクライナで制定され、ロシア、ベラルーシも同様の法律を作っている。チェルノブイリ法は「避難の権利」を認めているのかどうか。認めているとすれば、その根拠や理由は何か。ここでは、チェルノブイリ法の特徴とわが国の避難政策を比較検討し、福島原発事故における避難者問題の構造を分析し、考察する。

2　福島原発事故避難者問題の現局面

　帰還政策が、2017 年 3 月の局面で急展開している。2020 年の東京五輪を「復興五輪」と位置づけ、3 兆円に達する除染費の政府立替を抑え、今後 21 兆円を超えるといわれる原発事故関連補償のさらなる増加分を縮小し、東京電力を救済するねらい等が指摘されている。避難指示解除、つまり、その背後にある帰還政策がどのように推移してきたのか。その点を最初にスケッチしておきたい。

1）帰還政策の現状
　避難指示解除が「避難指示解除準備区域」（年間放射線量 20 ミリシーベルト以下）、「居住制限区域」（年間放射線量 20 〜 50 ミリシーベルト）で、2014 年 4

月に田村市都路地区、2015年9月に楢葉町、2016年6月に葛尾村と川内村、2016年7月に南相馬市南部で実施。さらに2017年3月に飯舘村、川俣町、浪江町、そして2017年4月1日に富岡町が解除され、これにより「帰還困難区域」を除いて避難指示はすべて解除する方針がとられた。つまり、このように帰還政策が2017年3月末をもって一気に推進され、新たな転機・画期を迎えている。

「帰還困難区域の一部」についても除染を進め、2022年頃に解除する予定を組んでいる。ここでの「復興拠点」となるのは役場、駅等の一部が想定され、その部分を解除する方針が立てられている。この「特定復興拠点」は帰還困難区域の全体の約5%程度といわれている。「特定復興再生拠点区域」の除染や廃棄物処理は国の負担で実施し、道路等のインフラも東電に負担を求めない方針が閣議決定されている。これには、帰還を希望する地元からの要請を受ける形で、国が全面的に費用負担を行うことで、復興を印象づけるねらいがある。

避難指示解除区域の帰還実績は約10～15%程度で高齢者の帰還が多い。帰還困難区域の大熊町における復興庁調査（2015年8月）によれば、帰還希望者は11.4%である。

2）避難者の意向調査から

「福島第一原発事故　第6回避難住民共同調査」（朝日新聞社・今井照福島大学教授、2017年2月）からは、被災から6年を迎えようとする時期における避難者の意識動向が読み取れる。主な調査項目の回答をみて避難者の揺れるこころと苦悩が伝わってくる。「故郷に帰りたい・帰れない」郷愁・望郷と、現実を見たときの気持ちの揺れ、それらが回答の背後にある。

避難指示解除の要件である放射線量年間20ミリシーベルトの基準について、「不安」が84%で「不安で生活できない」が49%である。

現在の福島第一原発について、「危険・安心できない」が94%である。避難者のこころの深層にある「不安感」が、ここまで深刻であることが社会的に共有されているとは思えない。避難者が原発事故で何を体験し、何を見たのか。子どもや家族をどう守ろうとしたのか。その目線に立たないかぎり、見えない「不安」は沈殿したままである。

原発事故による汚染土を保管する「中間貯蔵施設」が本当に「中間」で、30年後に「最終処分場」が福島県外にでき、移されるであろうか。調査では「中間」がそのまま「最終処分場」になると78％の人がみている。約束が「守られる」というのは4％である。「帰りたいけど帰れない」環境の一つが中間貯蔵施設である。

　2017年3月までの避難指示解除には、59％が「反対・どちらかといえば反対」である。「賛成・どちらかといえば賛成」が35％であり、約6割が「反対」という状況下で解除が行われている。

　避難指示解除は、「精神的賠償の打ち切り」という、賠償とセットになっている点に特徴がある。賠償の継続を望む回答が69％、「やむを得ない」が17％である。「生活再建まで継続するべきだ」という47％もの意思が無視されている点に特徴がある。

　「元のまち、住宅に帰りたい」のか、「帰りたくない」のか。「帰りたくない」が36％、「元のまちのようになれば帰りたい」が35％、「元のまちのようにならなくても帰りたくない」が18％となっている。ここでは意識の揺れや故郷への思いが伝わってくる。

　しかし、震災前の自宅はどうなっているのか。「修理しても住めない」が24％、「解体・売却等」が16％、そうすると40％が現実的に「帰れない」ということである。「修理しないと住めない」が27％、これが今後どうなるのか。一方、「すぐに住める」のが17％であり、実際的にみて、事故から6年の時点で判断すると当面、帰還率は最大20％程度とみるのが妥当かもしれない。

3）災害救助法の適用打ち切り

　避難指示解除（2017年3月）の動向に合わせるように、避難者の居住について、災害救助法の適用打ち切りが通告されている。災害救助法は主に自然災害を想定したものであり、原発事故のような長期の居住保障を目的にしていない。厚生労働省通知では、震災から2年間が適用期限、その後1年間の適用延長とその更新が示されているが、避難先での生活保障を目的にしていない。地方自治体間のばらつきが出てくるものと予想される。

　災害救助法は、国が地方自治体、日本赤十字社、その他の団体、国民の協

力のもとに、災害に対し応急的に必要な救助を行うことを目的にしている。災害が市町村に対して発生したとき、都道府県知事が救助を行い、収容施設の供与、災害住宅の応急修理、食品・飲料水の供給、被服・寝具等の供与等が行われる。期間は応急救助に必要な範囲内で、これにより難いときに厚生労働大臣との協議・同意を得て別に定めることができる。本来の目的は「応急救助」であり、原発事故のように長期化する社会的災害の対策立法ではない。

　災害救助法に代わる、いわばチェルノブイリ法をモデルに「子ども・被災者支援法」（2012年6月）が議員立法で成立している。しかし、この支援法は理念法（プログラム法）であり、支援の具体的な施策は法律に記載されず、基本方針を復興庁、各方針を担当省庁が担うこととして「骨抜き」にされ、実質的に機能していない。支援法の根幹をなし、存在意義となるはずだった「一定の基準」（年間20ミリシーベルト）の改善も政府に委ね、これもまた「骨抜き」にされている。チェルノブイリ法をモデルに、その形式を取り入れようとしたが、理念法にとどまったことから施策の具体化がはかられず、まったく異なる立法が設置されたと同じことになり、機能していない。そのため、災害救助法が役割を代替していたが、いよいよこれも打ち切られる方向で政策が推移している。帰還政策の急展開は政府の復興政策とともに、福島県、地元市町村の人口減対策も背後にあるとみられ、着実に展開されるものと思われる。

3　避難者問題の構造

1)「自主避難」の背景と要因

　政府の放射能汚染の線引きにより、線の内側が「避難指示」区域、外側が「自主避難」となった。線引きは何のために行われるのか。それは事故補償の有無を決める基準になっている点に求められる。「自主避難」は、政府の線引きにより、政策対象外として事故補償をしない避難として作り出された政策用語である。放射能汚染は、地形や風向きによって汚染物質が拡散し、まだら状の分布となり、いわゆるホットスポットを作り出している。そのため単純に汚染の度合を線引きできるものではなく、この線引きは以下のよう

な混乱と迷走の中で政策的に作り出されたといってよい。

　線引きの基準は何か。当初は原発からの距離基準であった。①2011年3月11日、福島第1原発から半径2キロの範囲に避難指示、その後3キロ、翌朝、10キロ。②3月15日、半径20キロに避難指示、半径20〜30キロに屋内避難指示。③2011年4月22日、外部線量基準を交えた基準の変更。半径20キロまでを「警戒区域」、1年間の被爆量が20ミリシーベルトを超える地域を「計画的避難区域」、半径20〜30キロの地域を「緊急避難準備区域」に指定。④原発事故情報のちぐはぐと混迷が上記のように続いた。この原因は、当初、SPEEDI（緊急時迅速放射能影響予測ネットワークシステム）の存在を首相や重要閣僚等が知らなかったことにあった。SPEEDIによる試算の公表は3月23日であった。原子力安全・保安院は、事故の深刻度が最悪の「レベル7」と4月12日に発表、東電は5月まで、それを認めなかった。このような状態を不安視する被災者たちが自主避難の検討、準備に入ることになった。

　以上を小括すれば、次のようになる。信頼できる情報がなかった。マスコミ報道の多くは「直ちに健康に影響はない」「念のためです」という政府発表を報道。政府や東電の情報への信頼度が低く、信用されなかった。ホットスポットの存在が明らかになり、また、低線量被曝による子どもへの健康被害の可能性、内部被曝のリスクが十分究明されていない、というような背景の下で、避難者団体、支援団体等の集会、インターネット等で市民が学習し、母親たちの「自主避難」が広がっていく。学校が始業し、2011年4月19日、文科省はICRP（国際放射線防護委員会）の見解を引用し、緊急時の年間被曝許容量20ミリシーベルトを児童に対して許容する通知を出した。不安を持つ親たちや法律家・専門家の声が高まり、文科省が「学校において児童生徒が受ける線量について、当面、年間1ミリシーベルト以下を目指す」と通知を変更した。しかし、学校給食でもWHOの基準と比較して高く、「暫定」として基準決定に時間を要し、事故後1年間にわたり、緊急時年間被曝線量20ミリシーベルトの「暫定」が続いた。そして、1ミリシーベルトを目指した「子ども・被災者支援法」の骨抜きによって、制度的保障の適用ができなくなっていく。つまり、「自主避難」は自己都合で行われたわけでは決してなく、情報の混迷と政策動向の深刻な背景と要因があって行われている。こ

の点に自主避難者問題の構造と本質がある。

2)「自主避難」問題の視点

わが国の原発事故には、避難を選択・自己決定するうえで必要な条件、つまり「避難の権利」が欠落している。政府による「自主避難」に役立つ対策はほとんどないに等しい。福島復興再生特別措置法（2012年3月）にも具体的な支援内容はなく「除染中心」の立場をとり、ゼネコンに有利な除染プログラムに巨費を投じている。「自主避難」問題の構造上の特徴は骨格になるべき「避難する権利」がないこと、さらに低線量被曝を許容する線量基準（チェルノブイリ法では1ミリシーベルトに対し、福島は20ミリシーベルト）が放置されたことにある。避難の対象を限定・縮小したことが避難者を「自主避難」として支援補償の外におくことになった理由である。「自主避難」は避難の選択に関わる情報、住宅、就労支援、経済的保障がセットされない政策対象外の避難ということになる。それだけではなく、「自主避難」は、自主的に勝手に避難したのだから「自己責任」ではないかという見方を作り出され、社会的に分断されている。

4 原発事故における避難の視点と位置

1) チェルノブイリ法の特徴

チェルノブイリ法（原発事故被災者保護法）の主な特徴は、どこが汚染地域なのか、誰が被災者で、どのような補償を受ける権利があるのかについて、基本ルールを国が責任を持つものとして定めていることである。近年、必要な予算が国家財政の問題から十分支出できず、実施率低下への批判もある。しかし、内容上の特徴は、次の3点、すなわち「対象の広さ」「長期的時間軸」「国家責任の明確さ」にある。年間1ミリシーベルトを超える地域に移住権が認められる。移住にあたり、住宅の確保と雇用の支援を受けることができる。「移住の権利」があるという認識が地域社会で共有され、移住者に「勝手に出て行った」という社会的批判が向けられることがない。移住権が法で明記され、お互いの選択を認め合う条件ができている。

チェルノブイリ法は、汚染地域を「居住不可」と「居住可」に分けてい

る。「居住不可」は「義務的移住」であり、原発周辺 30 キロゾーンと、セシウム 137 濃度 40 キュリー／㎢以上、または実効線量 5 ミリシーベルト／年を超える地域である。「居住可」には、「移住権付与」と「移住権なし」がある。「移住権付与」は退去対象地域の一部（セシウム 137 濃度 15 キュリー／㎢以上、40 キュリー／㎢未満）、移住権付居住地域は（セシウム 137 濃度 5 キュリー／㎢以上、15 キュリー／㎢未満、かつ実効線量 1 ミリシーベルト／年を超える）が入っている。これ以下は「移住権なし」となっている。

　「義務的移住」は福島でいう避難指示区域に近い区分である。「強制避難」なので「移住権」はないが手厚い補償がある。しかし、チェルノブイリ法の特徴は「移住権付居住地域」を広く設定し「移住を希望すれば支援が受けられる地域」というカテゴリーを持っている点にある。

　ウクライナ・チェルノブイリ委員会の決定（1991 年 2 月）にみる最大の特徴は、事故の年（1986 年）に生まれた子どもに、1 年間で 1 ミリシーベルトを超える被曝をさせないこと、生涯被曝線量を 70 ミリシーベルトに設定したことである。国際的に低線量被曝（実効線量 100 ミリシーベルト以下）の身体への影響について定説がなく、科学者間で既存のデータについて評価が分かれている。しかし、健康状態は放射線だけでなく、不確定なリスクがある。将来の対策を準備するために 1 ミリシーベルトの基準を定め、総合的な影響を見極める必要があるという判断である。さらに注目されるのが「子ども」の位置づけである。放射能汚染は、次の世代にも遺伝的影響を与えやすいことから、支援対象に 0 歳未満、胎児、これから生まれてくる次世代の子どもを含めている。

2）ウクライナ政府報告書

　チェルノブイリ 25 周年国際科学会議（2011 年 4 月 20 ～ 22 日）に提出された「ウクライナ政府報告書」は、IAEA（国際原子力機関）、WHO 等と対極に立つ見解に基づく調査報告である。IAEA、WHO、UNSCEAR（国連科学委員会）、あるいは日本の立場は、チェルノブイリ原発事故の被災者に現れるほとんどの病気とチェルノブイリ原発から放出された放射線との関係を認めていない。わずかに承認されているのが小児甲状腺がんである。その理由は「疫学的手法で証明できないことは科学的でなく、事実として認められな

い」という立場をとっている点にある。「疫学的手法」とは、ある集団の被曝線量と健康被害との間に統計的に有意な相関があって、初めて証明されるという方法である。

ウクライナ政府報告書は、①事故直後の健康に関するデータは 1989 年までソ連政府によって隠され、住民の医療統計も改ざんされた。②放出された放射性核種は均等に分布していない。③住民のすべての移動場所での被曝線量を把握することは不可能である。④以上のように、「疫学的手法」は、そのもとになる個々人の被曝線量のデータが入手しがたいのだから、そもそも不可能な方法である、と指摘している。

これに代わる方法として、放射線量は異なるものの、その他の点では同様な集団同士の違いを調べる方法がある。自然環境、社会環境、経済的特徴は等しいが、汚染の程度が異なる複数の地域において、発病率、死亡率を比較する方法がある。「疫学的手法」は決して唯一無二のものではなく、あくまで欧米のスタンダードに過ぎない。それを採用できないからといって「何も起きていない」とすることこそ、科学的な態度とはいえず、倫理にもとる。さらに、代わる方法を提起しても認められないと同報告書は IAEA を批判している。

3) 子ども・被災者支援法

子ども・被災者支援法（「東京電力原子力事故により被災した子どもをはじめとする住民等の生活を守り支えるための被災者の生活支援等に関する施策の推進に関する法律」の略称）は、2012 年 6 月、議員立法によって成立している。同法はチェルノブイリ法をモデルにしており、移住権、居住の権利、帰還権が定められている。健康診断が生涯にわたって実施される健康保護の国家責任も入っている。しかし、支援対象地域が福島県内の浜通り、中通りの市町村に限定され、公的健康診断も事故当時の福島県在住者に限定されている。さらに、この法律の特徴は、理念法、プログラム法であり、支援の具体的な施策が担当省庁の方針、計画として閣議決定される仕組みになっているため、そこで「骨抜き」が可能となる。

子ども・被災者支援法成立に向けた問題意識が、緊急時「避難指示基準」の年間 20 ミリシーベルトの改善にあったにもかかわらず、平常時に戻って

も「一定の基準」、つまり1ミリシーベルトにすることは条文に具体的に明記されなかった。20ミリシーベルトを決めた政府と担当省庁に支援法の基本方針が委ねられ、法律の縛りが実施段階に反映されず、年間1ミリシーベルトの基準であれば実現できた「避難の権利」が、プログラム法によって形骸化している。

5　チェルノブイリ法の教訓と避難者問題

1）緊急時被曝状況

　年間20ミリシーベルトはICRP（国際放射線防護委員会）が定義した「緊急時被曝状況」として、緊急時なので一定の被曝は仕方がない状況における参考レベル「年間20〜100ミリシーベルト」の適用である。年間20ミリシーベルトは原子力発電所等で働く成人の5年間の平均被曝量限度である。胎児を含めた年少者の感受性の高さを考慮すると、福島の若年者は放射線作業者以上のリスクを背負うことになる。この緊急時が恒常化し、帰還政策を2017年3月を大きな区切りにしようとしているのに、福島原発事故から7年を経過して、平常時（1ミリシーベルト）に戻る動きがない。

　チェルノブイリ法をモデルにして教訓を学ぼうという姿勢があれば、被曝量の実効線量に対して敏感に反応する子どもたちを含め、被災地、ホットスポットに20ミリシーベルト基準を据え置くことに警鐘を鳴らして当然である。それができない理由は、低線量被曝の影響について科学的に究明していく視点が欠けているからである。

2）ウクライナ政府報告書と「疫学的手法」

　ウクライナ政府報告書は、「疫学的手法」以外の低線量被曝による健康への影響調査を詳細に発表している。これらを「疫学的手法」を踏んでいないとして無視する立場が賢明だと考えられるだろうか。チェルノブイリ原発事故ではソ連政府（当時）による情報の改ざんが初期に行われたが、その状況下において最善を尽くした放射線影響調査の結果を概観しよう。

　① 1986年から7〜11年後（1993〜1997年）——福島原発事故の近未来に当たるが、この時期は、最も危険な年齢区分は小児早期（女8〜11

歳、男 8 〜 12 歳）、および思春期（女 12 〜 15 歳、男 13 〜 16 歳）にある。

② 1986 〜 1991 年（初期）——多くの子どもに甲状腺、免疫・呼吸器、消化器の疾患が進行するリスクがあることが、1989 〜 1990 年にわかった。

③ 1992 〜 1996 年——30 キロゾーンから避難した子どもと汚染地域に住む子どもの両方で、健康な子どもの数が減少し、慢性的な病気の子どもの数が増加した。

④ 1997 〜 2001 年——30 キロゾーンから避難した子どもと汚染地域に住む子どもの両方で、健康な子どもの減少というはっきりした傾向が観察された。

⑤ 2002 〜 2006 年——発症の若年齢化、多系統・複数の器官にわたる病変、治療に対して比較的抵抗性があり、経過が長引き再発する。上記の 30 キロゾーンと汚染地域に住む子どもは、小児期全体を通して、低い健康レベルが続いている。

⑥放射線の被曝線量とがんのリスクは比例するとされる。しかし、100 ミリシーベルトを下回る放射線（低線量被曝）については、専門家の間で健康リスクの評価が分かれている。この点について、ウクライナ政府報告書は低線量汚染地域の健康状態が悪化していると報告している。甲状腺疾患だけではなく、心筋梗塞、白内障との関連、悪化し続ける体調や健康、これらを目の前の患者の症例を通して原発事故との因果関係の究明にあたっている。

3）チェルノブイリ原発事故調査チーム

日本学術振興会科研費研究基盤研究 B「福島原発事故により長期的な避難生活を送る子どもの福祉・教育課題への学際的研究」によるチェルノブイリ原発事故調査チーム（代表：戸田典樹）がウクライナ原発事故被害者への聞き取り調査を『チェルノブイリ原発事故後 30 年に学ぶ』（2016 年）として出版している。

チェルノブイリ被災者の調査をして印象的なことは、キエフの被災者移住地域でのインタビュー対象者が最も気をつけていることが「健康」であったことである。ほとんどの方々が何らかの健康障害を持ち、家族、そして次の

世代や子どもたちに何らかの病気があると「さりげなく」「あたりまえ」のように語った。しかし、これもほとんどの方々が、チェルノブイリ原発事故や放射能汚染と結びつけて病気・障害を語らなかった。一方では、遠くにいる家族や親戚から、より安全な食べ物を取り寄せ、市場や食料品の購入にあたってはより信頼できるところを見極め、選び抜いて安全な食材を求め、生活する姿に共通性があった。

　なぜ、こうなのか。普通であれば、チェルノブイリ原発事故との関連で病気・障害を語るのではないかと考えていた。チェルノブイリ原発の労働者の街であるプリピャチの元・幼稚園長はインタビュー調査の中で、初めの夫が原発労働者として働き、事故後に心臓発作で死亡、2番目の夫は原発事故処理作業者であったが、電車の中で突然死をしたと語った。しかし、原発事故との関連に言及しなかった。そして、プリピャチ出身の子どもたち（今は成人）が原発事故で各地を転々とし、その多くが首都キエフで人生の荒波にのまれ、必ずしも幸せな人生を送っていないと静かに語った。被災者の生活史を学び、教訓を引き出す研究についても考えさせられるものがあった。

6　研究課題

1)「疫学的手法」について

「疫学的手法」が求める研究方法は原発事故による放射能の影響にそもそも適用できるものであろうか。原発事故は放射性物質の分布や核種別の分類が整然とできて、風向きや風力、地形等の詳細から分布と程度の全体図が準備され、個々人の移動のデータも、いつでも事故に対応して記録できるようになっているだろうか。また、事故に備えた準備が「疫学的手法」になじむように描けるものであろうか。原発の「安全神話」が流され、備えがまったくできていなかったときに、原発事故が突然引き起こされると見るのが妥当ではないか。原発が制御不能となり、政府、専門家が混迷しているときに、巻き込まれた市民の右往左往は想像に難くない。誰が整然とデータを管理できるのか。チェルノブイリおよび福島原発事故の「レベル7」における事故処理過程において、とりわけ初期に、避難、情報管理、個々人のデータ管理の確認が行われたか。実際は混乱と混迷を極めたといってよい。チェルノ

ブイリには、当時のソ連政府の情報管理の問題もあった。東電や政府は「想定外」を言い訳に、危機管理の不在を認めている。この状況下で「疫学的手法」に固執し、それ以外を認めないことが「科学」なのか。ウクライナ政府報告書にみる、実際の条件と実態から、放射線の影響を特定するには他にもいくつかの方法があるとして最善を尽くす、というのが科学者のとるべき倫理ではないか。チェルノブイリのフィルターを通すとIAEAの不自然さが浮かび上がってくる。ウクライナ政府報告書の提案方法の評価と応用が課題になっているものと考えられる。

2) 「自主避難」問題の背景と構造

なぜ、国際機関が「疫学的手法」に固執するのか。IAEAの立場や姿勢について、ウクライナ政府報告関係者は、原発事故の影響がないと認めたがらないのは「政治的理由」と見ている。国際機関の主流（専門家）は、背中に原発稼働・推進を背負っているという評価である。IAEAは、放射能汚染に影響があるというなら「あなた方が証明しなさい」と言い、結果を出すと「その件は、研究調査が必要」「さらに研究が必要」と、問題の先送りを常に言う。IAEAの決議の歴史は「研究中」「研究の必要」の連続であるようにウクライナ政府には映っている。つまり「研究中だから影響は明確ではない」「明確でないものを心配する必要がない」として「安全宣言」に持ち込む論理をとり続けていると見るのである。その中にあって、結果を出し、数年後に認められたのが小児甲状腺がんである。IAEAは当初否定したが、小児甲状腺がんの有意な統計的データが実証されたからである。

ベラルーシおよびウクライナ政府報告書によれば、「疫学的手法」をとる科学者は放射線との因果関係が小児甲状腺がん以外はないという。それで研究が「一件落着」か。そうではなく、両政府報告書は、小児甲状腺がんが他の病気を併発、誘発し、治療が複雑化していることに注目している。そこから、次の研究へと発展させ、治療とデータを積み上げている。目の前の患者を救うために因果関係の究明を続ける両政府、一方で、実証的データで有意差が出ないと現場の努力を評価しないIAEAとの間に大きな温度差がある。

国際会議では意見が分かれ、高度に「科学的」だという「疫学的手法」を重視する側が、影響調査の有意性を被災者やその関係者に「証明」しろと

迫ってくる構図が主流になっている。「自主避難」問題の背景にみられる構造に、それがそのまま反映しているといえるだろう。加害者や政府は「証明」責任を被災者や支援者に転嫁し、自らの責任を回避しようとしている。それが原発避難者問題の構造そのものである。「レベル7」の責任を誰がとるのか。責任体制を不問にして、被災者に「証明」と自己責任を求めるやり方が推進されている。

「自主避難」の視点、立場から見れば、「影響があるというなら、あなた方が証明しろ」というのは、科学の専門家の言うことではない。その究明にあたるのが科学というものであろう。被災者に放射性物質の影響を証明しろというのは、立場が逆なのではないかと考える。人間の生命と尊厳よりも「疫学的手法」を言う「科学者」が、科学の倫理をどう考えているのか。それが問われているように思える。被災者が原発事故の影響から、権利として、子どもの生命と健康を守ることを選択・自己決定したいと言っているのである。原発避難対策が除染と帰還政策に収斂し、「母と子」の生命と尊厳をかけた「人間の姿・顔」が復興に見えない。避難対策の優先順位のとり方に被災者の声と願いが入っていない。除染のための数兆円の財源は誰のためのものなのか。ゼネコンへの公共事業優先の復興対策に「人間の復興」が後景に押しやられているように見える。

3）チェルノブイリ法との比較研究

チェルノブイリ法との比較研究の中で「疫学的手法」にこだわる IAEA（その中心になっている日本）が、より厳密な体系的データをベラルーシおよびウクライナ政府報告書に対して求めていることがよくわかった。そうであるならば、福島原発事故における汚染マップの作成には論理矛盾がないであろうか。それは、被災者支援には被災地域の正確な汚染マップが対策の最も重要なデータになるからである。ウクライナ、ベラルーシ、ロシアともに、チェルノブイリ法の汚染マップは、測定した土壌の平均実効線量をもとに被曝線量（基準）を設定し、「被災地」認定の条件として用いている。そこには、これらの汚染マップが住民の食料や健康に関わる内部被曝リスクのチェックに必要だという考え方が反映している。低線量被曝の影響まで正確に基礎データに組み込む考え方が測定に取り入れられている。

福島原発事故では、空中からの汚染調査にとどまったデータで被災地が認定されている。弘前医科大学は初期に被災地健康調査を行う予定であったが、住民に不安を与えるとして関係機関から中止させられている。放射能汚染を個々人の健康に結びつけて認定する「疫学的手法」をとれないやり方を、福島原発事故での対応では進めているのである。「疫学的手法」とは、手続きが一つひとつ万全で、かつ統計的有意差が歴然としていなければならない。どこかが欠落していると結果を証明することができない。

　原発事故がどのように起こるかをあらかじめ想定し、予測を行い、準備して調査・分析にあたることは不可能である。放射能の影響が汚染地の個々人にどのような影響を与えているかを、実証的にすべて整然と実証できなければ認定ができないという「疫学的手法」は難題を最初から突きつけているように思える。放射能の影響が明確な有意差を持って実証できなければ解明されないことを理由に、「安全宣言」に結びつける「疫学的手法」とは誰のための、何のための「科学」なのか。生命と尊厳にかかわるだけに「研究倫理」に触れる可能性を持っている。したがって、これに代わる分析方法を開発し、提起しているベラルーシおよびウクライナ政府報告書への注目と評価が社会的課題になっている。

　選挙の争点において国民は原発問題に強い関心を持っていることが、先の新潟県知事選挙（2016 年）で実証されている。ベラルーシおよびウクライナ政府報告書に学び、その教訓を福島原発事故の被災者支援にどのように生かしていくべきか。粘り強く、今後の実践、方向を考えていきたい。

参考文献

尾松亮（2016）『新版　3.11 とチェルノブイリ法 —— 再建への知恵を受け継ぐ』東洋書店新社

尾松亮（2016）「私たちは「法」なしに被害と向き合うのか」『世界』岩波書店（尾松のチェルノブイリからの問いは、チェルノブイリ原発事故の教訓を総括的に見ており、『世界』に 2016 年 5 月号から 11 月号まで連載されている）

河﨑健一郎・菅波香織・竹田昌弘・福田健治（2012）『避難する権利、それぞれの選択 —— 被曝の時代を生きる』岩波ブックレット

黒田光太郎・井野博満・山口幸夫編（2012）『福島原発で何が起きたか —— 安全神話

の崩壊』岩波書店

戸田典樹編著（2016）『福島原発事故　漂流する自主避難者たち』明石書店

馬場朝子・山内太郎（2012）『低線量汚染地域からの報告 ―― チェルノブイリ26年後の健康被害』NHK出版

日野行介（2016）『フクシマ5年後の真実　原発棄民』毎日新聞出版

日野行介（2014）『フクシマ原発事故　被災者支援政策の欺瞞』岩波新書

「福島原発事故により長期的な避難生活をおくる子どもの福祉・教育課題への学際的な研究」チェルノブイリ原発事故調査チーム・戸田典樹（代表）（2016）『チェルノブイリ原発事故後30年に学ぶ ―― ウクライナ原発事故被害者への聞き取り調査』eブックマイン

ベラルーシ共和国非常事態省チェルノブイリ原発事故被害対策局編（2013）『チェルノブイリ原発事故　ベラルーシ政府報告書』　日本ベラルーシ友好協会監訳、産学社

ヤブロコフ、アレクセイ・V他著（2013）『調査報告　チェルノブイリの全貌』星野淳監訳／チェルノブイリ被害実態レポート翻訳チーム訳、岩波書店

山下祐介・市村高志・佐藤彰彦（2013）『人間なき復興 ―― 原発避難と国民の「不理解」をめぐって』明石書店／（2016）ちくま文庫

除本理史（2013）『原発賠償を問う ―― 曖昧な責任、翻弄される避難者』岩波ブックレット

第III部

福島原発事故被災者の
夢と希望

第9章

避難者の実質的生活補償へ

津久井進

1 「生活」を取り戻す

　福島原発事故が起きるまで、「生活」は、当たり前に存在していた。それが当たり前のものでなくなってすでに7年が経つ。筆者も多くの避難者に接してきた。避難者たちは、元の生活を取り戻すためにもがき続けている人、変わり果てた生活を無言で受け入れている人、新たな生活を作り直すために焦っている人など、それぞれ目の前の現実との向き合い方は違っているが、いずれも心に深い不条理な思いを抱き、苦難を背負っているという点は共通している。

　日常の中に当たり前に存在するものだったからこそ、取り戻すには非日常的な苦労や未経験の試練を余儀なくされるのだろう。

　では、それを補って償いを獲得するために何が求められるのか。それが本稿の主題である。

　生活の必須要素は、かねて「衣・食・住」と表現されたが、衣食の足りた現代社会では「医・職・住」と言い換えることがある。つまり、生活を支える要素として「医療」によって保持される生命や健康、次に「職業」によって実現される収入や生き甲斐、そして生活の基盤となる「住まい」の3つがあって、はじめて生活が成り立つというのである。

　室﨑益輝は、復興における自立と回復の課題として、3つの「生」と3つの「自」が必要であり、それを獲得するためには6つの課題があると整理している。すなわち、3つの「生」というのは、生命、生業、生態であり、3

208　　第Ⅲ部　福島原発事故被災者の夢と希望

つの「自」というのは自立、自由、自治である。そして、6つの課題というのは、「医・職・住・育・連・治」と表現され、第1の「医」は、心身の保護や福祉的ケアのことで、第2の「職」は産業、仕事、なりわいのこと、第3の「住」は、住まい、まち、生活文化を意味し、第4の「育」は、教育、子育て、人材育成、第5の「連」は、つながり、絆、環境共生、そして第6の「治」は、自治、ガバナンスを意味している（一般社団法人日本防火・危機管理促進協会における室﨑益輝の講演録「阪神・淡路大震災の復興と東日本大震災の復興」より）。

　この知見を前提にすると、生活の補償をするにあたっては、単なる金銭補償のみでは足らず、健康、仕事、住まい、子ども、コミュニティ、自治が回復される措置が講じられるようにしなければならない、という解が導かれることとなる。

　一度、壊れてしまったものは決して元通りにはならない。しかし、同等の水準に復することはできる。そのために欠けた部分を補うことが必要である。そして、加害者は責任を全うしなければならない。その履行すべき責任の一つが償いである。生活を取り戻すために補い償うことが、文字通り「生活補償」である。金銭の算定という無味乾燥な作業だけで終わるものではないことに気づかなければならない。

2　賠償の現状

　現在のところ、避難者の生活補償の最大の柱となっているのは、東電による賠償である。それが現実である。そこで、まず賠償の実情を整理しておくこととする。

　賠償請求の方法は、第1に東電に対して直接請求するやり方、第2に原発ADR（原子力損害賠償紛争解決センター、以下「原紛センター」という）に対して和解仲介手続の申立てを行うやり方、第3に裁判所に訴訟提起するやり方の3つに分かれる。多くは直接請求によって行われているが、原発ADRに対しても、2万件を超える申立てがなされている。2017年11月17日現在の実績を見ると、申立件数は2万3076件で、うち和解成立が1万7417件（取下げが2145件、打切りが1655件、却下が1件）、進行中の案件が1858件にのぼる。

そして、裁判については、2017年5月末時点で、東電を被告としたものが396件起こされており（そのうち一部は国も被告に加えている）、集団訴訟も全国で約30件起こされていて、その原告数は計1万2000人以上になる。

　件数、人数とも例をみない大規模な数であるが、しかし、避難者数が2012年5月のピーク時点の公表値で16万4865人だったことからすれば、第2・第3の手続きに及んでいる人々はごく一部に過ぎないということも読み取れる。

　問題が複雑化しているのは、事故当時の居住地によって補償内容が大きく異なっているからである。東電に対する直接請求をする場合を例にとって、その補償額をまとめると表9-1のとおりである。

　まず、自主的避難等対象区域つまり自主避難者に対する補償額は、原則計12万円のみで、子どもや妊婦について計52万円のみということで、およそ生活を維持する金額とはなっていない。原発ADRにおいては、直接賠償では不十分であるとして、金額の増額を求めて申立てが相次いだが、自主避難者に対する補償増額は一部の例外にとどまっており、おしなべて冷淡である。

　警戒区域内であっても十分な補償とはいえない。浪江町では2013年5月に町民約1万5000人が精神的慰謝料の月額10万円増額を求めて集団でADRの申立てを行った。原紛センターから月額5万円増額の和解案が提示されたが、東電はその和解案を6回にわたり拒否し続け、いまだに賠償が実現していない。2015年3月17日に前橋地裁で全国の集団訴訟の中で最初に判決が言い渡されたが、請求した賠償額は約4億5000万円（原告数137人）だったのに対して、認容されたのはわずか3855万円（請求額の約8％のみ）であった。

　また、上記の補償の内訳で目を引くのが、打ち切り時期が明確に区切られているところだ。いまだに福島第一原子力発電所の事故は収束しておらず、原子力災害対策特別措置法に基づいて発せられた「原子力緊急事態宣言」はいまだに解除されていない。にもかかわらず、賠償は打ち切られている。

　精神的損害もさることながら、営業損害の打ち切りによって廃業を余儀なくされる例が増えつつある。「営業」の損害というと、経済的な損益の問題に過ぎないとして軽視する向きがあるが、先に述べた「医・職・住」の「職」、すなわち生き甲斐や生活の根本を支える「生業」に対する補償であっ

表 9-1　東京電力への直接請求における賠償概要

	警戒区域 計画的避難区域	緊急時避難準備区域	自主的避難等対象区域
精神的損害	月10万円×60ヵ月分（2018年3月31日まで）	月10万円×18ヵ月分（2012年8月31日まで）	18歳以下・妊婦は48万円（2012年8月31日まで）それ以外は8万円（2011年4月22日まで）
追加的費用等	－	－	4万円
就労不能損害	住居・勤務先が避難指示区域内にある場合が対象：2015年2月28日分まで		
営業損害	2015年3月から2年分の一括賠償	・休業中の事業者：2015年3月から2年分の一括賠償 ・減収を被った事業者：2015年3月から2年分の一括賠償	2015年3月から2年分の一括賠償

て、現実に生きていくための死活問題であるから、きわめて重要な問題である。表9-2は、原紛センターがホームページで公開している和解実例のごく一部の抜粋である。これら事例では一応の賠償を受けているものの、今後は廃業しても賠償されないおそれさえある。

　一方、補償を受けたことによって生活水準の回復ができたかというと、必ずしもそうではない。地元紙には、一次的に得た補償金で不動産や自動車など高額の財産を購入し、あるいは新規事業に挑戦をして、結果的に生活破綻をきたしてしまったケースが報じられることがある。あるいは、生活感覚の狂いから従前の人間関係・家庭環境が破壊されてしまったケースが巷で語られることもある。

　民事司法における解決手法は損害賠償以外にないのが現実であるが、しかし、それによって得られる生活補償はたいへん限定的である上、真の生活補償に直結しないということも認識されるべきである。

　営業損害を例にとれば、事業者は、自己の拠点だけでなく、その取引先や顧客までも原発事故によって壊滅的打撃を受けており、そもそも商圏を喪失しているので、ひとり自分だけが事業を再開しても営業継続はなし得ない。あるいは、除染事業などの影響で人材確保が難しくなっており、人件費も高騰し、一般経費も従前と比べものにならないほど高額となり、事業投資が困

表 9-2　原紛センターが公開する原発 ADR における和解実例（抜粋）

事例番号	事案
538	茨城県において海水浴客向け民宿を経営していた申立人が、原発事故により海水浴客が減少したため廃業
559	いわき市内の釣餌の卸売業者について、風評被害により廃業
587	果樹の栽培を福島県浜通り（警戒区域外）で営む申立人が風評被害により廃業
628	県南地域で酪農業を営む申立人について、風評被害による売上減少のために廃業
636	自主的避難等対象区域（いわき市）で廃品回収業を営む申立人について、風評被害による買いたたき等により廃業
681	宮城県で漁業を営んでいた申立人について、原発事故による魚の水揚げの禁止・自粛等のために廃業
783	いわき市でしいたけ栽培業を営んでいたが、原発事故により廃業
784	自主的避難等対象区域でペットのブリーダー業を営んでいたが、原発事故により廃業
818	茨城県内で加工食品を製造し、栃木県内の観光ホテルに卸していたが、原発事故により観光ホテルから取引を打ち切られて廃業
882	自主的避難等対象区域で畜産業を営み、原発事故当時、放牧による繁殖和牛飼養の計画を進めていたが、原発事故によって未更新草地の牧草を和牛に給与することができなくなり、用意していた草地が傾斜地で除染も困難であったため、原発事故の約 2 年後に廃業
887	自主的避難等対象区域（いわき市）で飲食業を営んでいたが、原発事故に伴う顧客減少等により廃業

難となっている。原発事故は、企業の財産にとどまらず、復興基盤となる顧客・取引先・事業インフラ・物流環境といった周辺環境を丸ごと破壊してしまう。民法上想定されている従来の加害行為とは質的に異なっているのであって、こうした周辺環境等から供与されていた無形の利益をも回復しない限り、完全賠償は実現できないのである。

3　補償を阻む 3 つの課題

　生活補償がままならないのは数々の壁が立ちはだかっているからである。眼前に見える分厚い壁は、歴史的に前例のない原発事故の存在であったり、自らの責任を認めようとしない国や東電の存在であったり、あるいは、容易に被害者救済を許容しようとしない司法の存在であったりする。もちろん、たとえ先例がなくても克服すべき課題は乗り越えなければならないし、一つ

ひとつの裁判における闘争を通じて牙城を突き崩す努力はしていかなければならない。2015 年 10 月 10 日には、福島地裁に提訴された全国最大規模の「生業を返せ、地域を返せ！　福島原発訴訟」で 4000 人近い原告が、東電と国に対して勝訴の結果をおさめた。残念ながら、原状回復の請求については棄却されたが、判決は、「政府の地震調査研究推進本部が発表した地震の長期評価は、専門家による議論を取りまとめたもので信頼性を疑う事情はない。国がこれに基づいて直ちに津波のシミュレーションを実施していれば、原発の敷地を越える津波を予測することは可能だった」と判示し、国の責任をストレートに認めた。こうした被害回復の一つひとつの営為の積み重ねが、壁を破っていくのである。

　しかし、この分厚い壁とともに、避難者の足元を揺るがす課題がある。以下、3 つの課題を指摘する。

1）制度の不備・不存在

　原発避難者の生活補償を実現する法律は「存在しない」と言っても過言ではない。

　賠償請求の根拠となっているのは「原子力損害の賠償に関する法律」であり、被害者の救済を主たる目的としており、事業者に無過失・無限の責任を課している。しかし、もう一方で、被害者にとって好ましくない規定もある。責任を原子力事業者（東電）に集中させ、数多くのメーカーに対する製造物責任を免除する形になっている。あるいは、国の責任に言及しない形を取っている。原子力推進が国策であることを考慮すると、国の責任逃れの口実を認める立法となっている。民法学の泰斗である我妻栄は、同法の制定当時、国が責任を負う法律の仕組みにするべきであったと痛烈な批判を行い、「原子力事業という前例のないものを国の政策として発達させようとするなら、万一生ずる損害はたまたま事故の周囲にあった不幸な人々だけに負担させず、国民全体で負担すべきだ」と、相当に踏み込んだ立法提言をしていた（『ジュリスト』236 号、1961 年、p.9）。

　原発事故が起きて、翌 2012 年 6 月「東京電力原子力事故により被災した子どもをはじめとする住民等の生活を守り支えるための被災者の生活支援等に関する施策の推進に関する法律」（子ども・被災者支援法）が成立し、原発

被災者の生活補償を全うする理念法が制定された。ところが、同法の施策の実施が政令に委ねられた（丸投げされた）のをよいことにして、あからさまなサボタージュが展開され、いまだにまともな具体的施策が実施されていない。

　原発避難者の住まいは、災害救助法に基づいて手当てされてきた。しかし、災害救助法は、台風被害などで避難所にせいぜい1週間程度滞在するケースを基本としており、仮設住宅等が提供されるとしても最大2年の供与しか予定をしていない。阪神・淡路大震災等の大規模災害で5年の供与を行った例があるとして、東日本大震災・原発事故ではこれに倣って運用されたものの、あくまでも自然災害を前提とした制度であるから、原発事故には不適合である。そのため、避難元に戻れるかどうか判断がつかない状況であるにもかかわらず、約6年経過した2017年3月末をもって供与が打ち切られてしまった。これは、自然災害の制度を転用している（すなわち目的外使用をしている）ことによる弊害である。正面から、原発避難者を対象とした立法をするべきだったのである。

　ほかにも、原発避難者が避難元と避難先の双方で適切に行政サービスが受けられることを保障するための二重の住民票の制度や、被災者らの健康管理や健診が無償で受けられるようにする制度、子どもらの教育や保養を確保する制度など、必要性が強く訴えられていたにもかかわらず実現していないものが多数ある。

　生活補償が実現していないのは、本来立法によって手当てされるべき点に穴が空いたままであるため、そこから漏れ落ちているということなのである。

2）政府方針

　本稿では多くは述べないが、原発避難者に対する徹底した冷遇は政府の一貫した方針である。もちろん、およそ許しがたいところであるが、この病巣は民主主義的に解決するのが正論なので、ここでは3点だけ特筆しておきたい。

　第1は、責任転嫁である。すなわち、政府が責任を自治体、とりわけ福島県に押しつけているということである。それにより問題が矮小化されてしまうだけでなく、本来、国策的な対応が求められているにもかかわらず、その

214　　第Ⅲ部　福島原発事故被災者の夢と希望

権限がなく、責任に限界がある地方自治体を前面に出して、自らは背後に隠れて批判をかわそうとしている。第2は、定義付けのトリックである。政府は避難者をゼロにしたいのであるが、そのために帰還を強く促し、帰還をしなかった者は移住者として扱い、結果として、避難者に分類される者をゼロにしようとしている。これは、避難者というラベル（定義）を別のラベル（たとえば「帰還準備者」とか「移住予定者」など）に貼り替えるだけで、避難者解消が実現できてしまうという、定義付けを利用した魔法である。第3は、情報操作である。巧みにリスクコミュニケーションの手法を利用して都合の良い情報を伝播し、一方、不都合な情報・報道には有形無形の圧力をかけて制限するという手口であるが、古来からある単純な手法である。事故前の「安全神話」が、現在は「安心神話」にすり替えられただけであり、また、不都合な情報に冷や水をかけ、報じ手に圧力をかけ、福島県内のローカルニュースにとどめさせるという、比喩的にいえば「冷やす・止める・閉じ込める」手法に依っている。

3）公平の原則

　日本人は「公平」が好きである。たとえば、利益実現の口実として「他だけが得ているのはずるい。自分にも得させるべきだ」という理屈が使われるし、他人の足を引っ張る理由で「他だけが得ているのはずるい。やめさせるべきだ」という理屈が使われる。そして、なぜかそれがまかり通るのである。この公平原理を特に重視するのが行政の現場だ。東日本大震災の現場では、避難所に届いた物資の数が足らず全員に1個ずつ行き渡らないことから配給を取りやめるとか、しまいには廃棄することになったケースがいくつもあった。隣りは多額の補償を受けたのに、うちは少なかったという嫉妬心が、コミュニティを破壊する引き金になった例もある。しかし、「他も我慢しているから我慢してください」という制限の理屈として公平の原理はとても説得力を持っており、ひいては権利実現を阻むことになる。

　その原因をたどると、憲法上の平等権（憲法14条）の理解が社会に根付いていないところに行き着く。平等権は、自由権と並ぶ近代憲法が保障する二枚看板の人権である。もともと、古くからの階級社会では差別的な取り扱いを禁止するところに平等権の本質があったが（「機会の平等」とか「形式的平

等」といわれる）、現代の社会では形の上では階級が廃止された代わりに、貧富の差をはじめ社会にはさまざまな格差が生じてきているので、その差をどうやって埋めていくかが平等権のテーマである（「結果の平等」とか「実質的平等」といわれる）。要するに、機会の平等を図ることをベースにしながら、結果の平等に向けて調整をしていくところにポイントがある。もうすこしわかりやすく言うと、「みんな同じ」というのを強調して、形式的な公平を追い求めようとするところが誤っている。なぜなら、本当は「みんな違う」からである。第4、5章で紹介されている阪神・淡路大震災における借上公営住宅問題でも、「公平論」が声高に叫ばれ、老いて弱った入居者を追い出す有力な論拠として使われている。出て行けない人には、一人ひとり個別の事情があって引っ越せないのに、それを無視して、「出て行った人と比べて不公平だ」などと言って、「みんな同じ」ように出て行けというのである。転居によって命の危機にさらされる人であるのに、「みんな違う」という視点が持てないから、公平論が幅を利かすのである。

結局、人間は一人ひとりの人格や社会的境遇が違うからこそ、個人として尊重されなければならず（憲法13条の個人尊重原理）、その違いを等しく認めた上で、「みんな違うからこそ同じように大事にする」というところに人権の本質がある。「一人ひとりの自己決定は同じ重みを持つ」と言い換えることもできるだろう。一人ひとりの「医・職・住」を保障する、すなわち生存権（憲法25条）を保障するとも言えるだろう。「同じように扱いさえすればよい」とか「違いがあるのはおかしい」という表面的な公平原理は、かえって人を傷つけ、奈落に突き落とす。この憲法上の平等権の意味を正しく理解した上で、施策に向き合っていかなければならない。

子ども・被災者支援法の「被災者生活支援等施策は、被災者一人一人が第八条第一項の支援対象地域における居住、他の地域への移動及び移動前の地域への帰還についての選択を自らの意思によって行うことができるよう、被災者がそのいずれを選択した場合であっても適切に支援するものでなければならない」（2条2項）という文言は、まさにこれを具現化したものだ。この法律の施策が実現されないのは、サボタージュしている政府の責任だけでなく、個人を尊重する「平等権」と、形式的な「公平」を混同している私たち市民の責任も大きいと感じる。

私は、形式的平等に偏重した社会の流れに強い危惧感を感じている。だからこそ、今あえて「脱・公平」を声高に叫びたい。「公平」という言葉に潜む非人間性に気づいてほしい。苦難を抱えた一人ひとりを救済することに注力することこそがむしろ重要であり、それが片寄った公平運用を正し、ひいては実質的平等の実現につながると思うからである。

4　生活補償を実現するために ── 災害ケースマネジメント

1）災害ケースマネジメントの必要性
　以上の考察を前提に、原発避難者の生活補償を実質的に実現するために、私は「災害ケースマネジメント」の実行を提言したい。
　原発避難者の生活補償を「医・職・住・育・連・治」の６つの切り口で実現しようとするならば、金銭補償でカバーできる部分だけでは足りない。生活全体について寄り添い、個別の状況を的確に把握し、それぞれに応じた情報提供や人的支援などを行うことが必要である。既存の支援メニューを組み合わせ、効果的に活用し、パーソナルサポートをしていくことが求められる。こうした、①一人ひとりの被害者の状況把握、②さまざまな支援施策を組み合わせた支援計画の立案、③計画に沿った支援の実施、④金銭面のみならず情報提供・人的な寄り添いも加えた支援（多様なセクターのトータルな関与）、⑤平時の施策との連続性の確保、といったことをパッケージにした手法を「災害ケースマネジメント」と私は呼称している。
　仙台弁護士会は、2017年３月６日に「東日本大震災から６年を迎えての震災復興支援に関する会長声明」を公表し、その中の「災害ケースマネジメントの必要性と被災者生活再建支援法の改正」および「戸別訪問型支援体制・ワンストップ型支援体制構築の重要性」という章で、以下のように言及している。

　　被災者一人ひとりが復興する「人間の復興」を実現するには、まずもって被災者一人ひとりがそれぞれ支援制度を十分に活用できる仕組みが必要である。しかし、国や自治体による多様で複雑な支援制度等の情報を、さまざまな境遇におかれた被災者すべてに行き渡らせるよ

うな仕組みが十分でないため、被災者がそれら支援制度を十分に活用
できず、生活再建の重大な障害となっているケースがある。

そこで、被災自治体が、被災者台帳を作成、活用して、住宅被害の
みならず生活の糧となる生業・仕事等の生活基盤の損壊も含めた被害
を個別に把握した上で、被災者一人ひとりに必要な情報提供を行い、
さらにそれぞれの被害状況に応じた支援メニューを作成した上で支援
をしていくというシステム（災害ケースマネジメント）が必要である。

また、これを実現するため、被災者に対する情報周知や支援制度に
かかる相談等を担当する被災者生活再建支援員制度の創設を内容とす
る被災者生活再建支援法の改正等が検討されるべきである。

上記災害ケースマネジメントを有効に機能させ、被災者の早期の生
活再建を図るためには、いわゆる申請主義的対応ではなく、上記生活
再建支援員などが在宅被災者に対し戸別訪問を行い、被害実態、被災
者の抱える問題を把握し、当該被災者に対し、支援制度の説明や、再
建方法の選択の支援などを行う必要がある。

また、当該被災者に対し、支援制度の説明や、問題解決にあたり複
数の支援が必要となる場合には、ワンストップで総合的な支援を行う
制度が必要となる。具体的には、前述のような被災者生活再建支援員
制度の創設による被災者生活再建支援員による支援のほかに、社会福
祉士、精神保健福祉士等の専門家を被災者宅に派遣し、被災者一人ひ
とりの実情を調査し、支援を行うことが必要である。

さらに、被災による生活再建のため老後の生活資金として蓄えた金
融資産などを費消せざるを得なくなった年金生活者世帯、被災のため
に仕事を失った被災者、仮設住宅からの退去者のうち税金滞納などの
理由から災害復興公営住宅に入居できない困窮者など、経済的問題を
抱えている被災者が多く存在していることが明らかとなっている。そ
れら被災者の中には、生活保護制度の利用の検討を要する被災者が含
まれるが、生活保護制度を十分理解していない被災者や生活保護制度
に対するマイナスのイメージから、自治体への相談を躊躇する被災者
も少なくない。このような被災者の生活再建にあたっては、被災者の
ための各種支援制度のみならず、既存の社会福祉制度の適切な活用が

218　　第Ⅲ部　福島原発事故被災者の夢と希望

必要となる場合もあり、被災者の個別の状況に応じて、災害ケースマネジメントから社会福祉制度の利用への適切な橋渡しがなされる仕組みが必要である。

　仙台弁護士会がこうした提言をした背景には、石巻市における「在宅被災者」の戸別訪問支援を行った実績がある。在宅被災者というのは、全壊の罹災証明を得て避難所や仮設住宅に入居するいわゆる典型的な「被災者」ではなく、半壊や一部損壊にとどまるなどして制度から漏れ落ちて、何らの支援も得られず壊れたままの自宅で不自由な生活を送っている人々をいう。玄関ドアのない家、壁の隙間から雪が舞い込む家、床や天井がない家、壊れたトイレ、カビだらけの家など、目を疑わざるを得ない現実がある。在宅被災者問題に取り組んでいる一般社団法人チーム王冠によると、こうした在宅被災者は推計1.2万人以上いるとのことである。制度から漏れ落ちた人々を救済するためには、制度の改善（＝線引きのラインの引き直し）よりも、個別の対応の方が実際的であり、効果的である。その点を指摘したのが、仙台弁護士会の提言である。

2）仙台市「被災者生活再建加速プログラム」の取り組み

　災害ケースマネジメントは、すでにさまざまな被災地で実行されている。仙台市では、「被災者生活再建加速プログラム」と銘打って、これを実施している。市は、仮設住宅入居世帯の生活状況を把握した上で、①生活再建可能世帯（住まいの再建方針や再建時期が決まっており、特に大きな問題はなく日常生活を送っている世帯）、②日常生活支援世帯（住まいの再建方針や再建時期は決まっているが、主に心身の健康面に課題を抱え、日常生活において継続的に支援が必要な世帯）、③住まいの再建支援世帯（住まいの再建方針または再建時期が未定である世帯、資金面・就労・家族関係等に課題を抱えているため支援が必要な世帯）、④日常生活・住まいの再建支援世帯（住まいの再建に関する課題（③）と、日常生活においても継続的支援が必要な課題（②）を両方抱えた世帯）に４分類した。そして、①「生活再建可能世帯」を含む全世帯に継続的な状況調査、支援情報の提供、公営住宅入居支援、住宅再建相談支援を実施し、②「日常生活支援世帯」には、戸別訪問の実施、健康支援、見守り、生活相談、地域保

健福祉サービスによる支援、③「住まいの再建支援世帯」には戸別訪問のほか、個別支援計画による支援・就労支援の推進・伴走型民間賃貸住宅入居支援、④「日常生活・住まいの再建支援世帯」にはこれらに加えて、弁護士等と連携した相談支援体制や、分類ごとに重層的に支援メニューを構築して生活再建を支援する、という取り組みを行った。

　これらの取り組みを、個別世帯の状況に応じて伴走型で行ったほか、支援にかかわる主体が参加する「被災者生活再建支援ワーキンググループ」という会議体で、世帯ごとに個別の支援計画を策定して実施した。その結果、東日本大震災の被災地の中で応急仮設住宅が2番目に多く供与されていた市町村であったにもかかわらず、発災後6年を待たずに仙台市民向けの供与が終了し、恒久住宅への移行も完了したというのである（菅野拓「みなし仮設を主体とした仮設住宅供与および災害ケースマネジメントの意義と今後の論点」日本学術会議公開シンポジウム／第3回防災学術連携シンポジウム論考集、2017年）。

　個別に寄り添う支援の方が、被災者に対するきめ細やかさで勝る点は言うまでもないが、結果として、行政目的の早期達成や、さまざまなコストの合理性も確保されるという点で、優れているというべきである。

　この仙台型の災害ケースマネジメントの手法は、他の被災地にも広がりつつある。たとえば、岩手県大船渡市では、2015年3月から市と社会福祉協議会と地元NPOが「大船渡市応急仮設住宅支援協議会」を設置して同種の取り組みを実施しているほか、北上市でも「広域避難者支援連携会議」を設置、宮城県名取市では「一般社団法人パーソナルサポートセンター」と連携して2017年度から実施している。2016年に台風第10号の被害を受けた岩手県岩泉町では、町と弁護士会、町社会福祉協議会、NPO等が「岩泉よりそい・みらいネット」を設立して、あらゆる生活相談を受け付け、内容に応じて連携して対応する災害ケースマネジメントを実施している。さらに、2016年4月発生の熊本地震においても、熊本市や益城町で同種の対応が行われている。2016年10月に鳥取県中部地震で被災した鳥取県は、2018年1月18日の定例記者会見で、米国のFEMA（連邦緊急事態管理庁）の取り組みを参考に災害ケースマネジメントを制度化することを宣言した。

3）一人ひとりに向き合う生活補償を

　この災害ケースマネジメントの手法は、原発避難者にこそ適合すると考える。原発事故の被害の広域性、放射線被害の面的な同質性、被害者の人数の甚大性などから、誰もが、どうしても画一的、均一的な生活補償を行うべきだと考えがちである。必ずしもそれは間違いではないが、それで足りるわけでもない。昨今、国民的な貧困問題・格差問題に対してベーシックインカムの検討が活発になっているが、一律に底上げをしたとしても格差は消えないし、漏れ落ちは必ず生じる。形式的な公平性の推し進めることは、弱者に対する脅威にさえなりうる。そこに生じている一人ひとりが抱えるさまざまな固有の苦難が、7年が経過した原発避難者の生活補償の最大の課題と思われる。

　だからこそ、今まさに災害ケースマネジメントの手法を取り入れる必要がある。最も大切なのは、一人ひとりの原発避難者の状況を的確に把握することである。そのためには、被災者の受けた被害状況、ダメージの質・程度、現状や支援内容等の個人情報を把握するシステムが必要である。この点について、福島大学のうつくしまふくしま未来支援センターが、2013年3月に、タブレット端末を用いて、住民の生活状況データを一元管理できる「被災者支援管理システム」を開発し、一人ひとりの被災者の支援カルテとして活用すべく取り組んだことがある。このシステムは、個人情報保護を慎重に考慮して実用化が凍結されているとのことであるが、これは個人情報保護の過剰反応による誤りであることから、一刻も早く実用化することが望まれる。

　一人ひとりを大切にする、という価値観は日本国憲法が最も重要視する考えである。原発避難者の生活補償で欠けているのは、一人ひとりが大切にされていない、ということに尽きる。そうであれば、取り組むべき課題は明らかで、一人ひとりを大切にする施策の実施である。制度の欠落・政府の不理解・公平性といったハザードを乗り越え、一人ひとりに向き合う災害ケースマネジメントを実行することで、生活補償を実質化していくことが必要である。

　災害多発時代を生きる私たち一人ひとりが、被災者・原発避難者の立場を自分事として捉えること、すなわち想像力をフル活用することが強く求められている。

> ## 第10章

米山隆一新潟県知事インタビュー
原発事故、その影響と課題

聞き手：大友信勝・戸田典樹

　東京電力福島第一原発事故から7年が経過し、事故原因の検証も不完全なまま原発再稼働に向けた動きが進んでいる。さらに、原発災害は何年も続くのに帰還政策が強化され、帰還困難区域を除いて避難指示の解除が2017年春に行われた。避難指示の解除は、東京電力からの精神的賠償金の打ち切りとセットになっている点が特徴である。放射性物質の最終処分場の目処が立たない中で、中間貯蔵施設が原発立地町村に着工され、廃炉や除染などの事故処理費の試算は発表されるたびに膨らみ続けている。

　原子力規制委員会は、保安規定で東京電力に安全優先の「縛り」をかけ、柏崎刈羽原子力発電所の再稼働を認める方向性を示している（2017年9月13日）。東京電力には、福島原発の運営において数々のトラブルを起こし、それを隠蔽してきた事実がある。汚染水問題ひとつを取り上げても、いまだ解決の見通しが立っていない。新潟県は原発事故に関する独自検証を主張しているが、そのような中での再稼働ははたして容認されるべきだろうか。

　原発再稼働への動向は、東京オリンピックを復興五輪として世界にアピールし、公共事業の大型化が進行する中で、原発事故避難者は何の補償もない自主避難者に加えて、支援打ち切りによる厳しい環境の下で「帰りたいけど帰れない」という新たな自主避難を生み出す形で進行している。私たちは原発事故問題に、避難者の視点、立場から対応していくことが最大の課題だと考えている。福島原発事故をどう検証し、この事故から何を学ぶ必要があるのか。この点を原発立地県の知事として正面から取り上げている米山隆一知事から、原発問題への政策や意見を聞き、今後の避難者問題を改善する学びの資料にしていきたいと考えている。

222　　第Ⅲ部　福島原発事故被災者の夢と希望

福島原発事故およびその影響と課題についての検証
—— 最初の課題は物理的に何が起こったか

大友信勝（以下、大友）　最近、帰還政策を通して、復興を強く印象づける政策や、原発再稼働に向けた動きが、活発に進んでいると思います。米山知事の方から避難者問題を考える政策や理論といったものを学びたいと考えています。私どもは社会福祉学が専攻であり、住民の生活等に原発事故がどういう影響を与えるのかについてお話しいただければありがたいと考えています。

　まず、知事選にあたって、「柏崎刈羽原発の再稼働にイエスかノーか」ということを取り上げられました。泉田前知事からの政策をさらに、どう発展させていくかということが、当初の主張だったように理解しています。その一つとして、福島原発事故問題の徹底的な検証を主張されています。とくに県の技術委員会で引き続き徹底して実施と述べています。この辺のことで、まず米山知事の考えておられることをお聞かせください。

米山知事（以下、米山）　まず、新潟県知事選にあたり、福島原発事故およびその影響と課題についての「三つの検証」を構想としてまとめ、主張しました。「三つの検証」とは、「事故原因」を技術委員会、「事故が県民の生活と健康に及ぼす影響」を健康・生活委員会、「安全な避難方法」を避難委員会、という構成で、この三つを総括する検

米山隆一新潟県知事

証総括委員会、という仕組みで考えています。泉田さんは「原発事故の検証と総括なしではありえない」と言っていましたが、その具体的な中身はあまりおっしゃっていませんでした。その総括の方法として、三つの検証という全体像を具体的に示したのが私だったと思います。

　では、その全体像はどうかということですが、ただ単に、検証といっても、いろんな段階があります。まず第一に、原発事故の原因について、物理的に

何が原発事故で起こったかということを検証します。これに関しては、まず、新潟県の検証の以前に、国会、政府、民間、東京電力の事故調査委員会から、すでに報告書が出ています。それらを踏まえながら、県の技術委員会で、事故原因について、もう一度きちんと全体をレビューし、検証し、見直します。

やや政府的な立場の人は、「政府が検証したのだから、もうそれで終わりにすればいいじゃないか」という言い方をしがちです。しかし、これは学術なり、サイエンスをやった人ならわかると思うのですが、どんな賢い人がやったとしても、一回ですべて正しい結論が出てくるわけではありません。学問の世界で、いったんはこれが真実だと思っていたことが「間違っていました」となって、結論が変わることは多々あります。新しい情報がいろいろ出てくる中で、それに伴って新しい見方も出され、最新の知見等が生み出されます。そういった新しい情報や知見を生かして、もう一度きちんと、事故の現場で何が起こったかというのをシミュレーションのような形で順を追って見直すことが、最初に必要な手続きだと思います。つまり、事故の原因・過程として、物理的に何が起こったかを今一度確認するということです。その物理的な事故原因・過程の確認中には、人的なオペレーションの問題も入ります。実際のところ、東電でどういうオペレーションをして、どうなっていたのかも確認します。一例として、わりについ最近、冷却水は一滴も入っていなかったみたいなことが言われ出しています。注水における配管ルートや圧力の関係で、さまざまな努力にもかかわらず、実はほとんど全く水が入っていなかったということです。事故原因の究明はまさに、このようなベースとなる事実や状況を一つひとつきちんと検証していく作業から始まります。それは何回もやるべきことです。しかも、複数の目で追求すべきだと考えています。

新潟県がやったことについてはきちんと公開し、またさらに、他の人が検証したらいいことなので、何度でも検証すべきだと思っています。科学的な議論においては、実際に起こった事実や状況が事故原因を明らかにするスタートになるわけです。それを、複数の目で複数のところでやるのはあたり前であり、それが科学というものでしょう。

大友 何が原点なのか、つまり事故原因の物理的・人的・環境的要因、原子

炉への注水ができていなかったことなどが検証スタートに必要であり、その点を大事にしていることがよくわかりました。とくに、事故原因には津波よりも、地震説と重なり合うもう一つの本題が確実に見え隠れしていますね。

米山 事故原因は地震説の視点がないと検証できない問題も見え隠れしています。また、先ほども申しましたが、最近になってやっと、シミュレーションみたいなものが出てきて新たな知見が生まれていることに注目しています。事故原因が地震であれ津波であれ、電源喪失したあと実際に、冷やせたのか、冷やせていなかったのか。この点でも新しい知見は出ているわけです。新たに出ている結果はほぼ、冷却は何もできていなかったということです。あの吉田所長は、実のところほぼ何もできていなかったと考えられています。吉田調書の中にあるあの努力さえ、実はほとんど何も功を奏していなかったという結果が出ているわけです。そうすると、今度は安全対策の方に影響してくるのだと思います。どちらが原因であれ、水を突っ込むところの配管が潰れてしまったら、水は結局行かないということになります。そこの配管の強度をしっかりと確保しておかないと水なんか入れようがない。電源があったとしても水が入りません。

大友 水が入らなければ冷却できないわけですから、大変な事故になります。新潟県は事故原因の物理的・人的・環境的要因を事実に基づき検証しながら、しっかりと取り組んでいることがわかりました。きちんとした検証には、実証を含めて、一定の時間が必要だと考えられます。

米山 検証を進めると、今の例のように、事故原因について、配管が外れたらいけない、そういえばそうでしたね、というところが出てきたりするわけなので、一つひとつ丁寧にやっていくことが必要です。事故原因については、もう一度まき直して、最新の知見も活かして検証させていただきたいと思っております。期間は3〜4年はかかるでしょう。実証はなかなか難しいけれども、そこはもうしょうがないと思います。事故が起こったときの事実の痕跡はどんどんなくなっていきますから、推測にならざるを得ないところが出てくるのはやむを得ないところでしょう。

第 10 章　米山隆一新潟県知事インタビュー

健康と生活に及ぼした影響の検証

大友 次にお聞きしたいのは、原発事故が健康と生活に及ぼした影響の徹底的な検証ということで、ここのところは私どもの研究分野からして関心があるところです。とくに私どもの研究チームは、チェルノブイリ原発事故の現地調査も行いました。チェルノブイリ原発事故では事故対策として、チェルノブイリ法という法的な根拠がつくられました。チェルノブイリの現地調査等を通じて、25年の時間差はありますが、ある意味の教訓はそこにも一つあると考えています。チェルノブイリ法の場合、法的な守備範囲が非常にしっかりしていると考えています。それに対して、我が国の場合には災害救助法で対応したりしています。原発の避難者保護は、災害救助法を適用して2年を基礎単位に、あとは更新していくような、その程度の問題ではなかろうと考えています。チェルノブイリ法では、救済・支援の対象を年間被曝量1ミリシーベルトからと規定しています。移住権も認められています。自主避難という日本の概念は、チェルノブイリ法にはほとんどありません。日本はいまだ緊急時対応の年間20ミリシーベルトを一つの基準にして、むしろそれを一般化しようとしているところに特徴があります。いくつかの健康と生活の課題を考えたときに、低線量被曝の問題等を含めて、これは相当な論点が出てくるのではないかと思っています。

米山 チェルノブイリ法と比較すると、健康と生活に関わる点はいろいろ出てくるでしょうね。それに対して、どのように対応するかということについては、政治的にいろいろ考えるべき点があります。ある部分は検証の範囲外のことであり、それは政治的に解決されるべきことだと思います。検証の範囲内で見ると、結局「健康と生活への影響」の検証がなんで必要かという話になります。基本的には原発がどういうものかを評価するときに、今まで何が最も問題であったか。それは、原発には過酷事故があるということを織り込んだ評価がなかったことだと思うのです。事故はないという前提で物事が組み立てられており、リスクペイという概念がなかった。コストベネフィットという考え方はあり、コストベネフィットが図られていた。しかし、事故が

あるという前提でのコストベネフィット、つまりリスクペイが考えられていなかったということだと思います。そうすると、まず先ほど言ったとおり、第一に物理的な事故原因を検証します。それを土台として、2番目のところが人的リスク、つまり事故が発生したときの人的コストを検証することだと思っています。

　そのためには、まず健康という、生物学的なところをきちんと検証していくことだと思うのです。その次には、人は社会的な動物ですので、社会・生活へのリスク・コストが論点になります。そのような手順を踏むとすると、まず生物学的な観点からは、1ミリシーベルトが妥当か、20ミリシーベルトが妥当かというのは、なかなか検証、比較のしづらい問題だと思います。生物学的には結果を得るための観察期間が長すぎて、低線量被曝というものがどうなのかというのは、それは正直すぐにはわからない。ただ生物学的にわからないとして、生活・社会がどういうコストを払いどういうリスクを負っているかは、検証の中である程度見えてくると思います。

　たとえば今、国は、帰還政策を進めています。避難解除をして帰還を推進し、復興を非常に急いでやっています。そこで、政治的問題もあるので、強く主張するつもりはないのですが、正直私には、絵に描いた餅に見えます。1ミリシーベルトか20ミリシーベルトかが、本当に健康に影響を及ぼすか及ぼさないかは、おそらくはそう簡単には決着しないでしょうが、おそらく決着しないというその状況の中で、避難した住民から「本当に街は復興しているのか」「生活はどうするのですか」という質問があってしかるべきだと思います。牛の首に縄をつけて、水辺に引っ張っていくことはできるけれど、むりやり水を飲ませることはできないという話があります。街のがれきを取り除いて整えることはできても、無理矢理住まわせるわけにはいかない。20ミリシーベルトがいくら安全だ、いくらそれは科学的に大丈夫だといったところで、実際に人が住まなければ、街は復興しない。実際にそれなりの数の人がそこに喜んで住めないかぎり、人はそこで生活できないわけです。

　最終的に現実として起こっていることは、社会的なことに行き着くと思います。最初は、物理的なことを考える。その次に、生物学的なところがあって、次はやっぱり社会的なことをきちんと検証しなければいけないということです。そしてそれの検証は順を踏んで、事実に基づいてなされるべきだと

第10章　米山隆一新潟県知事インタビュー　　227

いうことです。今、原発が実際どうなっているかということ、それこそ事故があったときに何が起こるかということを評価すべきだと考えます。そこを「あるべき論」にしてはいけない。20ミリシーベルトで安全なのだから、戻らない住民が悪いのだ、戻るべきだと言ったところで、しかし実際、住民は戻らないわけでしょうから。

放射線科医の視点から見えるもの

米山 私は、元・放射線科医ですから、私自身は比較的、自分自身の被曝に対して寛容かもしれません。診療の過程で世間一般から見るとずいぶん被曝していましたから。放射線は低線量であればそれほど健康に影響しないと思うタイプに入ると思います。ところが、福島第一原発の視察に行き、現地で「この辺、20ミリシーベルトです」と言われて、それでこに住む気がするかというと、恐縮ながら、それはなかなか住みたいという気持ちになれない。病院で放射線を浴びているときは、管理されていますから、20ミリシーベルトといったら、絶対20ミリだし、10ミリシーベルトなら、絶対10ミリなわけです。予想外に大量に浴びているということは起こりえない。しかし、被災地域の町なかで20ミリシーベルトというのはもしかして、どっかに行ったら、靴の裏に何かすごいのがくっついていて、いきなり30ミリシーベルトか、40ミリかもしれないじゃないですか。その可能性は低いとは思いますが、しかし否定できない。そういう中で、じゃあ、自分は住むのかと言われたら、大変恐縮ながらなかなか住もうという気持ちにはならないでしょうというのが、正直な感想です。

大友 チェルノブイリ原発事故ではホットスポットというのが、当日の風向きや地形等から200キロを超えたところに点在しています。家の周りだけを除染しても野山とか、河川、そういったところが残ります。

米山 理屈上、放射性物質が一塊（かたまり）となって飛ぶことはありうるわけですから、当然だと思います。放射性物質は拡散しますが、点在するわけです。結局は確率の問題で、どこかにある可能性がある以上、それを無視して住めと

いっても無理だと思います。放射性物質が実際、流れてくるかこないかということではなくて、それは人間心理上、基本的に無理でしょう。いくらベラルーシやウクライナがいいところだと言われても、なかなかチェルノブイリの周辺に住む人はいないわけです。それはもう、現実としての社会に及ぼした影響だと思います。あまりそこで、「いい、悪い」という議論をする気はありません。それは水掛け論で終わってしまいます。ただ現実として、帰還率は15〜20％しかないのでしょう、ということです。人の心を無理矢理動かすことはできないということだと思います。

大友　とくに、帰還している方々は中高年で、子どもさんそのものと、小さな子どもさんを持っているご家庭は、かなり帰還率が低いというのが実態のようです。何か、帰還しないことが復興を認めないからではないかと、帰還しないことを個人責任のようにみる考え方も一部にあります。

米山　帰還率は低いでしょうね。無理ですよ、それは。自分の子どもが小さかったら、泥遊びするかもしれないわけだし、その可能性があるかぎり、心配で、無理だと見るのが現実的でしょう。
　帰還しない人々を批判するのは行きすぎだと思います。帰ってもいいというのは別に構わないと思う。帰還したっていいよ、それはもちろん。気にならないなら気にならないでいい。しかし、どんなに帰還させようとしても、人の心はそう簡単に動かない。事実として、生活に影響を及ぼすことはきちんと検証しなければいけないということだと思います。

避難計画をめぐる検証

大友　今度は、事故が起こったときに、安全に避難する方法の徹底的な検証も必要だと思います。事故は起きるものだと考えたときに、避難計画が非常に重要になると考えます。米山知事のお話の中で、これは現実的な判断だと思ったのは、避難訓練等は、事故が起きていない状況の中で、想定しながらやるわけですが、訓練ではバスの運転手などが確保できたとして、実際に事故が起きたときに避難をどうするか。泉田前知事の考え方を発展させて、改

第 10 章　米山隆一新潟県知事インタビュー　│　229

めて県民の生命と安全を守る上で、実際に避難するときにどういうことが必要なのか。避難の問題についてどう考えているでしょうか。

米山 最初に、とくにバスの運転手の問題を提起したのは泉田さんです。避難について、私の話はがっかりさせる可能性があります。まず避難は、避難する上での問題があるならあるということで、何ができるかを確定し、そして、その上で、何が起こるかをきちんと評価するということだと思います。たとえば、バスの運転手さんの確保はおそらく困難だと思います。じゃあ、困難だからすべてそこでストップするかという話ではありません。困難なら困難で、事故が起こったとき、人は逃げるわけです。バスの運転手がいないからといって、そこでじっとしているか。そんなことは絶対にないわけです。おそらくできる範囲の中で、一定数の確保はされて、残りの人は渋滞しても車で逃げるなり、いずれかの方法で逃げます。その場合に、一体どのくらい被曝をするか。それらは全部、推測になりますが、じゃあ、被曝をするということはどの程度、健康への影響がありうるかということについて、事故が起こった場合に備え、避難まで含めた全体像は検証しておかなければならない。避難の問題まで、事故が起こったときにどう考えておくかということです。

今まではそのシミュレーションは難しかったのですが、福島で起こった事故をトレースすることである程度、現実的にできます。福島の避難というのは一応、データがあるわけですから。あのとき、どういうことが起こったかということを、きちんとトレースした上で、実際に事故が起こった場合、どういうことが起こり、それはどの程度のコストがかかって、対策をどうしなければならないのか。それは、もし許容できないとしたら、許容できるようにするためには何をしなければならないのか。どの程度のコストがかかるのかということをきちんと検証することだと思っています。

大友 現実問題として、この柏崎刈羽原発というところをイメージしますと、そこで万が一のことが起きたとき、いわゆる避難道路での問題だとか、地震被害だとか、いろんなことと合わせて、複合被害という形で起きてくるわけです。そうすると、渋滞から、途中で山崩れや、道路の決壊等々が生じた場合に、あの辺の海岸の道路とかいろんなことをイメージすると、避難の問題

230　　第Ⅲ部　福島原発事故被災者の夢と希望

には相当いくつかの困難が出てきます。

米山 もちろん、困難はあります。ただ、それだから駄目という話をしても、あまり生産的ではありません。新潟の場合は、中越大震災と中越沖地震があったので、少なくともどの程度を想定するかについて、参考になる事例があります。あのときにどんなことが起こったか、大体わかるわけです。そうすると、あのときは原発じゃないので、30キロ圏以内は全部逃げろという話は全くなくて、それぞれの避難所に行ってくださいという話であったわけですが、一応、そのときにどの程度の時間で避難所に行けたかという、ベースラインになるものはあるわけです。

　それらの経験を反映した上で、少なくとも何日間かの間で、一定の避難所に行くということはできるわけです。そのときに一定の被曝等々は起こるということだと思います。そういった今ある材料を積み重ねていけば、それなりに何が起こって、どうなるかというのは、推測できます。その推測の範囲は2倍、3倍の誤差はあるとしても、10倍、20倍にはならないというような推測だと思います。そういう推測の中で何ができるかをきちんと確かめていくことが大事だと思います。

大友 住んでいる方々がかなり高齢化しているとか、要介護の方がいるとか、かつては複合家族が多かったと思いますけれども、しだいに世帯規模が小さくなって、相当以前より困難な状況が出てきていませんか。新潟県としては、安全な避難方法が「三つの検証」の一つに入っていますから、相当詰めているということですね。

米山 以前より困難なことが起きてくるとは思います。しかし、それが、不可能だという話ではない。少なくとも有限の時間内で住民が避難、移動するわけですから、一定の時間内で達成できる。そのときに何が起こるかということだと思います。

　避難方法の検証はこれから始まります。これにも3〜4年かかるのではないかとみています。今みたいな話をきっちりやっていくのは、ずいぶん詰めるのに時間がかかると思います。

柏崎刈羽原発再稼働をめぐる動向

大友 もう一つは、原子力規制委員会が東電に対して、経済優先から安全優先と言ってくれれば、柏崎刈羽原発について再稼働をオーケーしてもいいと受け取れる発言をして、事実上、再稼働容認のサインを出したかに見えます。「三つの検証」のキーを握る条件のところで、技術的なことについては、原子力規制委員会が相当程度やるところだと認識しております。しかし、そういう点では、技術面を超えて、規制委員会が検証抜きの原発再稼働容認というやり方をとったことに疑問を持っています。この点について、私どもは、新潟県がきちんとした検証をやりたいと言っているときに、こういうやり方で事態を政治的に動かそうとするというのは、これは当事者にとっては何か、大変なことだというか、どういうふうに表現したらいいのか――こういうやり方は失礼ではないかということまで考えたりしたのですが。この辺は米山知事としてはいかがでしょうか。

米山 趣旨としてはそうなのでしょう。失礼かどうかは別として、要するに、経済優先から安全優先みたいな標語自体が無意味だと思います。そんな標語を言ったから、あとは一生懸命、覚悟を持って頑張りますと言ったからといって、何か変わるわけではない。逆に、「言え」って言われて言わない人はいないといいますか。あの場面で、「経済優先です」と言う人はいないわけです。ほぼ無意味なのだと思います。無意味なのに、それによってお墨付きみたいなことを与えたように見えるのは、原子力規制委員会に対して、別に思いきり異を唱えるつもりはないのですが、それはいかがなものでしょうかと思います。むしろ、何か原子力規制委員会の審査というものを変に広げて、しかも広げたのにいい加減にやっているから、かえってその審査というものに対する信頼性を失っているように思います。我々だって、技術的なことに関して技術委員会でやっていますという話をしているなら、それは技術的な話を極めて、しっかりとやっているという話になろうかと思います。ところが、今般の規制委員会の判断は、技術的審査と、プラスアルファで精神的適格性のようなものを判断しておいて、技術的な適格性はどうかといえば、

232　　第Ⅲ部　福島原発事故被災者の夢と希望

全く事実上判断していないということになっています。そしたら、審査はそんないい加減なものだったのだから、技術的審査もいい加減ではないかと思われてしまいます。そういう意味では、かえって自分たちの信頼性を下げることをしているように思います。

　ただ、別にそれはそれで、まあ、そうしたいならそうしたらいいことで、我々が文句を言うところではありません。逆に我々としては、少なくとも安全性に対して、それはある種、客観的な根拠はあるのでしょうから、客観的な根拠を見せてくれれば、それをきちんとレビューしますという話です。この再稼働の精神的適格性みたいな話に関しては、どう見ても根拠はないと思います。別に、だから駄目だといっているのではなくて、少なくとも判断する根拠は全く示されていないということです。そこに関しては、審査しているとは全く思っていないということです。

　東電が本当に経済優先か安全優先かというのは、むしろ、たとえば事故があったときに、きちんとその情報を新潟県に伝えてくれるのか。事故というのは、思いきり大きな事故じゃなくていいのです。たとえば小さなトラブルがあったときに、それを通報することが、自分たちにマイナスになるから伝えないということではなくて、安全を重視してきちんと伝える。必要があるときは、しっかりと再点検をする。そういったことが、きちんと形として確保されることが、経済優先から安全優先だということだと思います。本気でやるということは、こういうことがあって、こうしなきゃいけないということに対して、きちんとコストを払うとか、きちんと体制を整え、覚悟を持ってやるということを指しています。そういう外形的なことや手続きをきちんとやってくれるかどうかということで、それは判断されるべきことなのだと思います。

大友　安全面からいいますと、汚染水問題を一つ取り上げても、今でも基本的なところで、きちんと改善解決しているというか、見通しを持っているというふうに、私どもは見ておりません。

　その辺を含めて、きちんと情報公開などがどこまで行われて、どういう見通しを持っているかということも、十分に道筋がまだ見えていません。安全を優先と言ってくれれば、オーケーを出すのだというのは、ちょっとやはり

論理の飛躍があって、技術的なところから政治的なところへと踏み込んでいるような印象を受けました。

米山　原子力規制委員会は、無意味なところに審査を広げて、無意味なことを言っているように見えます。言葉だけでは、本当に意味がありません。汚染水や廃炉の処理を、やり抜かなきゃ駄目とか駄目じゃないとかという議論は、論理的に伝わってきません。廃炉できないならできないと、永遠にできないと言えという話ではないのですけれども、少なくとも現時点で、廃炉というものに対する目処が全く立たないなら、立ちませんと言って現状を認めて、対策を立てる方がよほど重要でしょう。原発事故が起こった場合の社会的影響は、そういった現実的視点で考える必要があると思います。

　原発事故が起こった場合には本当のところ、少なくても数十年、場合によっては30年から40年は廃炉できませんというのが、現実に起こっている事実です。それが現時点での正しい評価だと思います。それが何か、覚悟を持って安全にやり抜くといえば、やり抜けるような話になっています。そうすれば、そこに適格性があるかということになると、明らかに論理が矛盾しており、飛躍しているということだと思います。そこは原子力規制委員会では本来処理できないことであり、稼働の安全性とも関わらないことであって、それをやり抜けというのは論理的には伝わってきません。処理できない問題は処理できない問題として、事故が起こった場合の影響として、きちんと評価すべきだと思います。だからその辺を未整理のまま、意図的なのか、意図的でないのかは知りませんが、ごっちゃにしている感があります。

代替エネルギーの考え方

大友　次は、原発再稼働について今後の対応策のあり方の一つとして、代替エネルギーの問題が一つの論点として、大変大事な政策課題になってくるかと思います。ここは、どういう構想、施策をお考えでしょうか。

米山　私は東大出なので、経産省や経済界にいろいろつながりがあって、そういう人たちとお話をする機会があります。そうすると、おっしゃるとおり

の CO_2 削減対策としての原発再稼働という話をよく聞きます。その理由として、パリ協定があるからというわけです。原発が一つの、CO_2 削減の方策であること、それは否定しません。事実として、CO_2 を出さないわけですから。しかし、CO_2 削減の方策についてはまさに山のように多くの施策があって、CO_2 削減だから原発だというのは、そこはつながっていないですよという話をするのですが、なかなか理解してもらえない。実際は、相当程度に自然エネルギーのオプションが広がっています。いろんなオプションがあるのですが、それに対して、原発が好きな人はあれも駄目だ、これも駄目だというわけです。自然エネルギーは駄目だってひたすら言いたがるのです。駄目なところばかりを見つけている感じがします。たとえば風車だって、それはたしかに日本で風車の適地がもしかして少ないかもしれない。日本は、海がすぐに深くなってしまいますから。しかしそうだとすれば、たとえば、ゴビ砂漠で造ればいいじゃないかという見方もある。なんだったら、適地の北海に風車を造って、ヨーロッパ市場で電気を売って利益を上げてくればいいじゃないですか。それでも十分 CO_2 を削減しているでしょうという話だと思います。パリ協定は、わりと自分で勝手に工夫をしていい協定ですから、そこに縛られることはない。原発が一つのオプションであることは、別に、認めるにやぶさかではない。しかし、それを理由にして、他のオプションがないみたいなことを言うのは、相当、そこに論理の飛躍があると思います。自然エネルギーの系統接続の話も、いろんな方法で、自然エネルギーにも開放できるところが多々あるわけです。そこのところが結論ありきの話になっている。もう少しそこは考えた方がいいと思います。

　原子力はとりあえずの CO_2 対策として良かったり、エネルギーミックスとして良かったりする部分がないとは言いません。しかし、原子力だっていつかはできなくなる。原料のウランの確認埋蔵量は100年ぐらいという話でしたから、どっちみち枯渇します。さらに、核廃棄物の処理が、結局片付いていないわけで、継続的にできるのは、本当のところ自然エネルギー以外にないわけです。化石燃料だって、原子力だってどっちみち、いつかは枯渇する。今、原子力1本足打法みたいな雰囲気になっていますが、それは原発の安全性うんぬんを別としても、あまり好ましいことではない。自然エネルギーというものを当然開発しなければいけないということだと思います。そ

こは、何か議論が変になっていて、原子力を守るため、守りたいがために、自然エネルギーに対してバッシング気味になっていて、自然エネルギーの駄目なとこ探しになっている。そうすると、仮に原子力が良かったとしても、結局、100年、200年の単位でみると枯渇するわけですが、その時点において世界に遅れてしまいます。原子力のことはある程度分離して、自然エネルギーのいいところを探して、どんどん増やさなければいけない。自然エネルギーが増えたら、その分だけ原子力を減らせばいいということだと思います。

大友 新潟県として、何か独自に自然エネルギーの開発を考えていますか。このようなことを、構想、イメージしているというのはありますか。

米山 それはあります。しかし、それこそまさに、自然エネルギーの系統接続の話が出て止まっている。「送電できません」と言われて、話が終わってしまう。ところが、あれは取扱指針上そうなっていると言うだけで、本来的には送電できるはずなんです。その辺はいろいろ、原子力とは別途の話として、風力なり、太陽光なりを推進していくことになるでしょう。

福島原発事故避難者への住宅等の支援

大友 福島原発事故の避難者に対して新潟県は、みなし仮設住宅なども、他の都道府県に比べて非常に柔軟というか、親切です。たとえば、自主避難者のみなし仮設住宅の住み替えに関する対応を見ていて、格段に新潟県の取り組みがいいのです。新潟県が福島原発事故の避難者に対してとっている施策の全体像のようなものは、何を見たらわかるのか。新潟県は振替え住宅に関しても思ったのですが、他の都道府県より明らかに優位性を持って、数字が高いといったらいいか、よく対応しているので、避難者の声とか不安に応えているように見えます。とりわけ、今、一番避難者が困っているものの、最たるものは住宅だろうと思います。新潟県のデータ等、その辺をお聞かせいただけるとありがたいと考えています。

> **新潟県の支援施策の概要**
>
> ○自主避難している方々の避難の継続は、それぞれの希望と判断による
> ものと考え、今年3月の応急仮設住宅の提供終了後は、経済的負担も
> 増えることから、県内に避難継続を希望される方々への支援策を実施
> することにしている。
>
> ○新潟県は自主避難者が望む支援策が①民間住宅の家賃等の補助、②公
> 営住宅への入居支援、③就職先の紹介・斡旋、にあるとして避難者に
> 寄り添った支援を行っている。
>
> ○自主避難者への県独自の支援策
>
> 1. 小・中学生がいる自主避難者への民間賃貸住宅の家賃支援
>   小・中学生がいる世帯で、学区変更を伴うために公営住宅へ移転で
>   きない子育て世帯を支援するため、民間住宅の家賃を月額1万円補助
> 2. 県営住宅への優先入居
>   自主避難者に優先枠を設けて県営住宅への入居を支援（必要な修繕
>   等1戸100万円程度）
> 3. 公営住宅に移転する自主避難者への引っ越し費用の補助
>   県営及び市営住宅に移転する世帯に対し、5万円を上限として引っ
>   越し費用を補助
> 4. 県内における就業支援
>   避難者支援コンシェルジュを配置し、就職情報の提供やマッチング
>   等の支援を実施
>
> ※その他、自主避難者に限定しない支援策（母子避難世帯等への移動支
> 援）。

大友 みなし仮設住宅の資料を見ているときに、山形と新潟が、データ的に
は全国都道府県で高いことに気がつきました。新潟県の自主避難者たちへの
取り組みは、住宅や就職支援等、避難者の希望や願いにそった丁寧な施策を
とっているように思います。

米山 山形県ですね、吉村さんも一生懸命やっていますものね。きちんとそ

第10章　米山隆一新潟県知事インタビュー　　237

の、振替えで、住宅支援しているっていうことですよね。それはでも、すごく違うというより、やる気の問題だというところが多分にあるように思います。隣りの県ですから熱心に取り組めているところはあると思います。何か施策として、支援している側からみて、すごく違うわけではないと思います。

　新潟県としては、まず上記に書いてあることをやっています。他の県がどこまでやっているか詳しく知らないので、このぐらいは必要なのではないかと思ってやっているということです。イメージとしては、当然のことをしているつもりです。先に述べたように一つは隣県の助け合いというのがあります。もう一つは、先ほどの話と通じますけど、とくに、自主避難者に対して、それは自己責任なのではないかというご意見が、世の中にありますが、そんなことはないと考えています。先ほどお話ししたとおり、20ミリシーベルトで問題ないといっても、科学的なラインと、心理的なラインは全く別のものだと思います。私は、「なかなかそこで住む気に、住んでみようという気持ちになれません」という方々に対して、「無理からぬことであり、相当程度了解できます」と思っています。

避難者への誤解

大友　自主避難者に対して、一般的な誤解の中の一つに、賠償金を相当もらっているというのがあります。一般市民の方々に賠償金への誤解があり、それが自主避難者の子どもへのバッシングだとか、いろんなところに波及したりしていることが聞こえてきます。この辺はどういうふうにお考えですか。

米山　実際のところ、新潟県でもありましたね。その辺はきちんとお伝えすべきことなのだと思います。仮にもし、もらっていたとしても、バッシングの理由になりません。賠償には正当な理由があります。賠償とは、失ったものに対して、それに相当する額をもらっているだけなので、結局、プラスマイナスゼロという話なわけです。それをバッシングするということ自体に問題があります。

　話は外れますけど、今、福祉について、生活保護であれ医療費であれ、公的給付を受ける人に対して、バッシングするという社会の空気があります。

あれは非常に問題があると思います。受給することは、当たり前というか、受給は権利です。権利を行使して、バッシングされるなんて、おかしいことです。生活保護だって、給付を受けている時点では働かないで保護費を受給しているという話になるかもしれません。しかし、保護を受けるまでの間、税金を払っているわけです。社会は相互扶助で成立しているわけなので、それをバッシングすること自体がそもそもいけないということを言いたい。全く論理的でありません。さらには全く道徳的でないとも思います。バッシングする人は、あたかもバッシングすることが道徳的であるかのような言い方でバッシングしており、そこに大きな問題があると思います。

大友　そうですね。バッシングは論理的に筋が通らないし、道徳的でありません。ある意味で、権利意識の弱さの表れだと思います。この原発事故の場合、かなり賠償金をめぐる誤解があるように思います。

米山　それは全く道徳的ではないときちんと言うべきだと思います。権利の行使は全く正しいことです。

大友　それと、一方では、賠償金に帰還困難区域なのか、避難準備区域なのかとか、避難区域の区別による違いがあったりして、利用者同士が分断されていて、難しい論点だなあと思いながら、この辺の問題を見ています。

米山　そうですよね。その点についての誤解もあるし、正しく理解した上での対応が必要です。一定の線引きは行政上仕方ありませんが、それで避難者同士がバッシング合戦になっては本当に切ない。さらに、繰り返しになりますが、福祉給付バッシングのようなことに、メディアまで乗ることがあります。社会的に賠償や給付を受けるのは当然だということに関して、もう少しきちんとしたあり方を示すべきだと思います。

避難計画公聴会をめぐって

　戸田典樹（以下、戸田）　京都府の事例ですが、避難計画の公聴会を、市町

村で開いても、あまり人が来ないという話を聞いたことがあります。事実関係や検証の結果を、住民の方が、難しい問題だからといって、もう棚上げにしている。それは偉い人が決めてくれたらいいじゃないかみたいなことになってしまっていると思います。新潟県はちょっと違う光が見えていると思います。そういう点で、たとえば公聴会の具体的な方法とかを、どういうふうに今後展開していったらいいのでしょうか。京都を見ていると本当に参加者が来ないのです。

米山　検証については、しっかりと提示していって、我々が検証して結果を出す話じゃなくて、検証を公開して皆さんに見ていただく必要があると思っています。その中で最終的には、民主的な判断ということになってきます。そういう過程を経て、合意形成がはかられるべきだと思います。

　参加者が来ないということは、主催者に説明する気がない、また説明に対するレスポンスを受け止める気がないということもあるかもしれません。相手の言ったことがわからない、自分たちが何か言ったことが結局、物事を変えるところにつながっていかないというところがあれば、参加者が来ないのはむしろ当然ということになります。

　まず、検証結果をきちんと説明する。わかるように話をするというのが第一です。第二は、これは微妙に政治的になってしまいますけれども、別にどっちの方向でもいいのですが、自分がその意思決定に加われるという感覚が大事だと思います。そういう意味ではきっと、新潟県は参加者が多いと思います。検証についてはたくさんの方が傍聴に来ます。

　新潟県はいろんな選挙を経て、原発のあり方についてわりに賛否が拮抗しているので、どっちになるかは別にして、いずれにしろ自分が意思決定に関わっていくのだという感覚は持っておられると思います。それが新潟県の特徴です。

子どもたちが原発事故をみる視点

大友　この原発事故の問題を教訓にして、これからに活かそうというときに、事故を風化させないで、市民教育や、あるいは子どもたちに原発事故の教訓

を継承していこうとするときに、どういうことを考えたらいいのか。お考えを聞かせてください。

米山　それは、普通に説明していくということなのではないでしょうか。かつ、わかりやすく。わかりやすくということには、説明の後で出てきた疑問に対しても、きちんと説明し続けるということも含んでいます。ただ、一定の程度において風化していくのは、それはそれでしょうがないと思います。たとえば、戦争の話って、それはいつまでもしなければいけない。しかし、戦争は実際起こっていないわけだから、それはもう遠い話になってしまう。全く風化させてはいけないと言ったら、元寇まで遡って、ずっとずっと生々しく伝えなければいけないということになりかねませんが、元寇のことなんて知らないというのが当然だと思います。ただし、きちんとした情報として、しっかり残っている。こんなことがあって、こうなってこうなりました。それはきわめて事実に基づいて、フィクションじゃないということになれば、人はその興味を持ったときにそれをきちんと見ることができる。そして必要になったときに、過去の教訓を活かした意思決定、事実に基づいた意思決定ができるのだと思います。風化させないことはもちろん、通常の教育をするのと同時に、ちょっと我田引水気味ですが、「三つの検証」のような検証をきちんとして、わかりやすいコンテンツとした上でそれを常にオープンにしておく。そして興味を持ったときに、きちんと事実に基づいて、皆さんが自分たちで判断できるようにしておくことが、本当の意味で、風化させないということだと思います。ただ単に、思い出を思い出せといってセレモニーをしたって、実際には過ぎたことを忘れるのは、それは当然の記憶の機能です。

戸田　長岡の中学生がウクライナの学校と交流しているという記事が出ていました。これは中学の授業なのかもしれませんが、こういうことをどうみているでしょうか。福島県浪江町には、「安全な原子力」という看板が立てられていました。原発事故までは、そういう環境の中で、子どもたちが本当に原発について危ないと考えたことがなかったので、ウクライナの学校との交流が目にとまりました。

第 10 章　米山隆一新潟県知事インタビュー　　241

米山 そういうこともいいでしょうね。同時に、政治的に見ると、ひたすらウクライナと言っていると、そのような政策に反対の人から、いや、それはお前たち、ひたすら危険を伝えようとしている、と言われることがあります。そこは客観的なものを常に示しながら、その中で両方見ていくということだと思います。

　別の言い方をすれば、子どもたちが自分たちで判断する材料を提供するということでしょうか。事実を客観的に示していくことが大事なことだと思います。その中で、民主主義社会なわけですから、いろんな政治プロセスを経て、住民の人たちがきちんとわかって、判断していくということが大事なことだと思います。

情報公開と市民的目線で —— 民主主義を貫き通すということ

大友 原発事故の被害を受けて避難している方々が孤立化傾向を強めているように見受けられます。国の政策が全体として復興を強調するといった状況の中で、2017 年 3 月の復興住宅の支援打ち切りに見られるような、住宅政策の打ち切りの進行が大きな影響を与えています。私ども外部から見ていると、原発再稼働を一気に進めようとしている政策動向に対して、市民的目線で見ている多くの国民が「急ぐべきではない」とか、不安を抱き、安全や再稼働についての関心はけっこう根強いものがあると見ています。新潟県には柏崎刈羽原発がありますので、このような状況をどういうふうに見ておられるのでしょうか。

米山 新潟県民の方々は再稼働について、不安や関心が相当根強くあると思います。このテーマについては、政府の情報の出し方が非常に中途半端といいますか、よくわからないままで出してくる。再稼働にひた走っているように見えますし、一つの方向での復興にひた走っているようにも見えます。別に、復興は復興でいいとして、しかし、そうじゃない人もいるというところを、何か意図的に無視している感があります。

　良くないと思うのは、どっちもあっていいのに、そこが一方になってしまっているように見えることです。復興したい人は復興したらいいと思うし、

やっぱりそこに行けない人は行けないでいいと思います。きわめて誘導的に一方向だけ示して、そっちだけにしようとしているように見えるのですが、そうすると、社会の分断が起きてしまう。再稼働や復興に協力する「いい人」とそうでない「悪い人」を分けて分断し、ものすごい罵り合いみたいになっちゃっているところがある。十分な情報が伝わらない中で、罵り合いが生み出され、不安が広がり、不満となり、それらが増幅しているところが問題だと思います。そこはやはり、きちんとした情報公開が必要だと考えています。あとは、それこそ自主避難を含めて、帰還も避難の継続も、選択の自由といいますか、どちらだっていいのだということを政策化すべきだと思います。たしかに、自主避難を永遠にというのは難しいのかもしれません。いつまでもというわけにはいかないことは仕方ないのですが、それならば移住権みたいな形で検討し、違うとこに行くなら行くで、行政が一定の資金を援助しますというような、そういう自由を残した選択の委ね方みたいなやり方が必要だと思います。

大友 自主的に避難した方々、帰還困難区域から県外に移住した方々が、福島県に戻ることについての施策はずいぶんあります。しかし、その方々が福島県以外に移住する選択肢をほとんど持たないというか、政策的には切られていますね。

米山 これはいびつです。いくら政府が安全だといっても、さっき言った理屈で、放射線科医の私にして、もしかしたら風が吹いたあとは 30 ミリシーベルト飛んで来るかもしれないと思ってしまったら、なかなか暮らしづらいですよ、それは。病院で 20 ミリシーベルト浴びるのとは違うということです。普段の生活の中でそういうリスクや不安があることについて配慮する必要があるのは当然だと思います。

大友 時間が来ましたので、最後に全体を通して一言、結びの言葉をいただければと思います。

米山 今まで話したことでほぼ十分なのですけれども、次のことを申し上げ

第 10 章　米山隆一新潟県知事インタビュー　｜　243

ておきたいと思います。我々は、皆様をがっかりさせてしまうかもしれませんけれども、何か、結論を決めて取り組んでいるわけではありません。我々がやろうとしているのは、きちんとした全体像を、科学的に示すということ。そして、それをきちんと公開し、県民、国民に科学的な検証結果を示し、民主的プロセスで決めていくべきだということを提示しているのだということです。

インタビュー日時：2017 年 10 月 27 日

場所：新潟県東京事務所

（文章責任：大友信勝）

おわりに

　私は、30年にわたる公務員生活を終え、福島県会津若松市にある会津大学短期大学部で教員生活を2010年よりスタートさせた。大学での業務、学生たちとのやりとりに追われ、あわただしく1年が過ぎようとした3月11日に東日本大震災が起こった。研究室でパソコンに向かっていた私は、大きな揺れで倒れてくる本棚を支えきれず、床に倒れた。大きな怪我にはならなかったが、心配してくれたゼミ生たちが自宅や下宿のことよりも先に、私の研究室を片づけてくれた。

　そして、私たちは、電話がつながらない状態の中、MixiやTwitterといったソーシャルメディアを使って春休みで帰省している学生たちの安否を確認していった。大船渡、陸前高田、気仙沼、いわきなど沿岸部出身の学生たちの自宅が被害に遭い、中には体育館などで避難生活をしている者がいることがわかった。不幸中の幸いではあるが、当初、連絡がとれなかった18名全員の生存が確認できたとき、思わず教員同士、手を取り合い喜びの声をあげたことを覚えている。

　安否確認に追われ夜遅く帰宅する道すがら、自宅近くのコンビニ付近に多くの人が集まっているのを見た。何か「おかしいな」と感じながらも通り過ぎたが、日が経つにつれ人数が増え、福島の沿岸部から避難してきている人たちが「ふれあい体育館」に避難していることがわかった。

　ほどなくして、会津若松振興局から大学に、市内にある体育館、公民館8ヵ所の炊き出しをしてほしいという依頼が来て、NPO法人などと「元気玉プロジェクト」を立ち上げ学生たちとおにぎりを作った。3月15日から4月6日までの23日間、朝5時30分からの活動だった。この活動の中で知り合ったのが、第3章を担当した江川和弥さんである。江川さんは、NPO法人「寺子屋方丈舎」という不登校の子どもたちのためのフリースクールを運

245

営していた。「元気玉プロジェクト」は、おにぎりの炊き出しだけにとどまらず、遊び場のない第一次避難所で子どもたちを対象とした「遊び支援」を実施していった。また、被災家族がホテルや旅館など第二次避難所に移動するとともに、子どもたちの学習の遅れを心配する声が多く出たことから週2回の学習支援を始めた。

　同じように、第2章を担当した会津美里町職員である渡部朋宏さんとも、避難住民への支援を通じて交流が始まっている。渡部さんは、福島大学大学院地域政策科学研究科に入学し、会津美里町にある仮設住宅に入居している人たちの実態調査をもとに修士論文を書いている。私は、この実態調査のデータをもとに『福島の避難者たち —— まだ終わっていない原子力発電所事故』（2013年、eブックマイン）で、会津美里町といわき市の2つの町に分かれて暮らす避難者の避難生活の困難、生活再建への思いの違いを綴った。その後、前作『福島原発事故　漂流する自主避難者たち』（2016年、明石書店）において、自主避難者への賠償問題をテーマに執筆していただいた。

　そして、私が学生たちと避難者支援の活動を続ける中、避難生活が続く大熊町の子どもたちとの学習支援活動の記録を記した『子どもたちの笑顔がまちを照らす —— 地域学習支援プログラム「大熊モデル」の取り組みから』（2014年、eブックマイン）、福島市や郡山市など避難指示地域に指定されていない地域からの避難者の苦悩を記した『三重苦を背負う自主避難者たち —— 母子避難者、県内自主避難者の声に耳を傾けて』（2014年、eブックマイン）も出版した。これらの作成を共に担っていただいたのが、第8章を担当した大友信勝先生（聖隷クリストファー大学大学院教授）と第6章を担当した田中聡子先生（県立広島大学教授）である。大友信勝先生は、生活保護制度研究の第一人者であり、私の博士課程での指導教諭である。さまざまなことでアドバイスをいただいてきた恩人である。また、田中聡子先生は、私とともに大友先生のもとで学んできた仲間である。県立広島大学では子どもの貧困、ひとり親家庭の問題などの研究を行っている。大友先生、田中先生とともに、2015年9月に内戦状態にあるウクライナへチェルノブイリ原発事故の被災者調査に出向いている。

　第1章を担当した辻内琢也先生は、第62回社会福祉学会（2014年11月、早稲田大学）で私がテーマ設定した特別課題セッションⅣ「原発事故による

自主避難者への社会的支援の必要性を考える」にエントリーしていただき出会うことができた。同じように東京電力福島第一原発事故による自主避難者問題を医師という立場から研究する仲間として協力を誓いあった。

その後、私は、父親の介護で会津若松を離れ、2014年度から神戸親和女子大学に赴任することとなった。神戸市での活動が始まり阪神・淡路大震災で被災し、借り上げ災害復興公営住宅（借上公営住宅）を入居期限が切れたとして退去を迫られている人たちがいることを知った。多くの人が高齢であり、豊かとは言いがたい生活を送っていた。このような人たちを支援していたのが、第4章を担当した出口俊一さん、第9章を担当した津久井進さんだった。出口さんは、兵庫県震災復興研究センターという研究機関の事務局長であり、借上公営住宅からの退去を迫られている人たちへの支援活動に積極的に取り組んでおられた。また、津久井さんは、弁護士として活躍されている。出口さんとともに借上公営住宅入居者の退去問題に取り組んでおられ、さらには東日本大震災、東京電力福島第一原子力発電所事故、熊本地震における被災者支援に積極的に関わっておられる。

また、第10章では「原発政策の新たな課題」をテーマとして米山隆一新潟県知事にインタビューをさせていただいた。柏崎刈羽原子力発電所の再稼働問題について「福島第一原発の事故原因や健康に与える影響などの三つの検証」を掲げ、知事選に挑まれた姿勢に共感を覚え、本書でのインタビュー掲載をお願いした。公務でお忙しい中、私どものために快く貴重な時間を割いていただいたことに感謝したい。

このようなメンバーが集まり、共同研究の成果として本書『福島原発事故取り残される避難者』を出版することができた。東京電力福島第一原発事故、チェルノブイリ原発事故や阪神・淡路大震災における災害復興公営住宅入居者退去問題からみる日本政府がとってきた復興支援策の特徴は、次の4点にまとめられる。まず、1点目は、災害における被災者をきわめて特定の者に「限定化」し、支援（補償）を実施しないという方針がとられていること。2点目は、「限定化」を進め、他に支援（補償）を求めることをきわめて個人の志向、考え方の違いに矮小化しようとしていること。そして、3点目は、支援対象を「限定化」した後、さらに意識的に支援（補償）を細分化させ、被災者同士を「分断」させることである。4点目は、復旧、復興を強調

おわりに　247

することで支援（補償）の「責任を果たしたこと」を強調することである。

　これらの日本政府の特徴を踏まえて、自主避難者への支援の撤退、除染作業実施の曖昧化、避難指示区域からの避難者に対する帰還に向けての強引ともいえる誘導など、さまざま支援・施策からの縮小・撤退が何を意味するかを考える必要がある。このような支援・施策からの縮小・撤退の局面を迎えた時期に、本書を出版することで、改めて被災者がどのような状態に置かれているのか、どのような支援が必要なのか、福島原発事故に何を学び、何を伝えていかなければならないのかを考えるきっかけとなることを期待している。

　最後に、本書は、阪神・淡路大震災により被災し、災害復興公営住宅に入居しているみなさま、チェルノブイリ原発事故で被災したみなさま、福島原発事故で避難生活を送るみなさま、そして、その方たちを支えるみなさまの協力なしでは出版することができませんでした。さらには、ここでお名前はあげることはできませんが、執筆者以外に多くの研究者から貴重なデータ、アドバイスをいただきました。また、状況の厳しい中、出版をしていただきました明石書店の大野祐子氏、吉澤あき氏にもお礼を申し上げます。さらに、本書作成にあたって日本学術振興会科研費研究「福島原発事故により長期的な避難生活をおくる子どもの福祉・教育課題への学際的研究」（課題番号15H03109）の助成を受けました。この場をお借りして深く御礼を申し上げます。

2018 年 3 月

編著者　　戸田典樹

■ 執筆者紹介 （執筆順）

辻内琢也 （つじうち・たくや）

愛知県生まれ。浜松医科大学医学部卒業。東京大学大学院医学系研究科・ストレス防御心身医学修了。博士（医学）。千葉大学大学院社会文化科学研究科（文化人類学）単位取得退学。早稲田大学人間科学部助教授、ハーバード大学難民トラウマ研究所（HPRT）リサーチフェローを経て、現在、早稲田大学大学人間科学学術院教授、同大学災害復興医療人類学研究所所長。日本心身医学会認定専門医、日本医師会認定産業医。専門は医療人類学。
主な著書：『ガジュマル的支援のすすめ —— 一人ひとりのこころに寄り添う』（編著、早稲田大学出版部、2013 年）、「大規模調査からみる自主避難者の特徴 ——「過剰な不安」ではなく「正当な心配」である」（戸田典樹編著『福島原発事故　漂流する自主避難者たち』明石書店、2016 年）、『フクシマの医療人類学 —— 原発事故・支援のフィールドワーク』（編著、遠見書房、2018 年）。

渡部朋宏 （わたなべ・ともひろ）

福島県生まれ。法政大学文学部卒業。福島大学大学院地域政策科学研究科修士課程修了（地域政策修士）。法政大学大学院公共政策研究科博士後期課程在籍中。現在、会津美里町役場総務課総務係長。
主な著書：「限定される自主避難者の損害賠償」「子どもの未来、家族の幸せを願って」（戸田典樹編著『福島原発事故　漂流する自主避難者たち』明石書店、2016 年）、「自治体連携のリアル —— 自治体はいかにして地域住民を守ったのか」（今井照・自治体政策研究会編著『福島インサイドストーリー —— 役場職員が見た原発避難と震災復興』公人の友社、2016 年）。

江川和弥 （えがわ・かずや）

福島県会津坂下町生まれ。専修大学法学部卒業。会津若松市教育委員会教育相談員。ふくしま連携復興センター代表理事　現在、特定非営利活動法人寺子屋方丈舎理事長、特定非営利活動法人フリースクール全国ネットワーク代表理事。
主な著作：「教育機会確保法案をめぐって」（『精神医療』83 号、2016 年）、「子どもNPO とフリースクール　実践 1」（特定非営利活動法人日本子ども NPO センター編『子ども NPO 白書 2015』エイデル研究所、2015 年）、「フリースクールは公教育の学びを変える」（『教育と医学』757 号、2016 年）。

出口俊一 （でぐち・としかず）

兵庫県尼崎市生まれ。関西大学法学部法律学科卒。20 年余、尼崎市内の小学校に勤務し、現在、兵庫県震災復興研究センター事務局長、阪南大学講師、関西学院大学災害復興制度研究所研究員。
主な著書：『人権教育研究序説 —— 国民融合をめざす教育とは』（兵庫部落問題研究所、1993 年）、『大震災 100 の教訓』（共編、クリエイツかもがわ、2002 年）、『大震災20 年と復興災害』（共編、クリエイツかもがわ、2015 年）、『神戸百年の大計と未来』（共著、晃洋書房、2017 年）他。

田中聡子（たなか・さとこ）

京都府生まれ。龍谷大学社会学研究科社会福祉学専攻博士後期課程修了。博士（社会福祉学）。社会福祉士。県立広島大学准教授。

主な著書：「子どもの貧困に抗うための実践」（埋橋孝文・矢野裕俊編、『子どもの貧困／困難／不利を考えるⅠ』ミネルヴァ書房、2015年）、「母子家庭の母が描く子育てと子ども姿」（埋橋孝文・大塩まゆみ・居神浩編『子どもの貧困／困難／不利を考えるⅡ』ミネルヴァ書房、2015年）、「漂流する母子避難者の課題」「子どもの安全、安心な未来のため親としてできること」（戸田典樹編著『福島原発事故　漂流する自主避難者たち』明石書店、2016年）。

大友信勝（おおとも・のぶかつ）

秋田県生まれ。日本福祉大学卒業、博士（社会福祉学）。日本福祉大学・東洋大学・龍谷大学教授等を経て、現在は聖隷クリストファー大学大学院教授。専門は社会福祉学。

主な著書：『公的扶助の展開 ── 公的扶助研究運動と生活保護行政の歩み』（旬報社、2000年）、『社会福祉原論の課題と展望』（編著、高菅出版、2013年）、『韓国における新たな自立支援戦略』（編著、高菅出版、2013年）、『社会福祉研究のこころざし』（監修、法律文化社、2017年）、「自主避難者への社会的支援」（戸田典樹編著『福島原発事故．漂流する自主避難者たち』明石書店、2016年）。

津久井進（つくい・すすむ）

愛知県生まれ。神戸大学法学部卒。弁護士。現在、日本弁護士連合会災害復興支援委員会委員長、兵庫県震災復興研究センター共同代表。

主な著書：『Q&A被災者生活再建支援法』（商事法務、2011年）、『大災害と法』（岩波新書、2012年）、『災害復興とそのミッション』（共著、クリエイツかもがわ、2009年）他。

■ 編著者紹介
戸田典樹（とだ・のりき）
京都府生まれ。関西学院大学法学部卒業。佛教大学大学院修士課程、龍谷大学社会学研究科博士後期課程修了。博士（社会福祉学）。京都府教育委員会、大津市、会津大学短期大学部を経て、現在、神戸親和女子大学発達教育学部福祉臨床学科教授。社会福祉士。
主な著書：『福島原発事故　漂流する自主避難者たち』（編著、明石書店、2016年）、『福島の避難者たち —— まだ終わってない原子力発電所事故』（e ブックマイン、2013年）、『子どもの笑顔が町を照らす —— 大熊町での教育委員会、学校現場、NPO 法人、学生ボランティアの取り組みから』（編著、e ブックマイン、2014年）、『三重苦の原発母子避難者たち』（編著、e ブックマイン、2014年）。

福島原発事故　取り残される避難者
　　直面する生活問題の現状とこれからの支援課題

2018 年 3 月 11 日　　初版第 1 刷発行

編著者	戸田典樹
発行者	大江道雅
発行所	株式会社明石書店

〒101-0021 東京都千代田区外神田 6-9-5
電話　　03-5818-1171
FAX　　03-5818-1174
振替　　00100-7-24505
http://www.akashi.co.jp

装丁	明石書店デザイン室
印刷・製本	日経印刷株式会社

定価はカバーに記してあります。　　　　　　　　　ISBN978-4-7503-4651-9

JCOPY 〈(社) 出版者著作権管理機構　委託出版物〉
本書の無断複写は著作権法上での例外を除き禁じられています。複写される場合は、そのつど事前に、(社) 出版者著作権管理機構（電話 03-3513-6969、FAX 03-3513-6979、e-mail: info@jcopy.or.jp）の許諾を得てください。

福島原発事故
漂流する自主避難者たち
実態調査からみた課題と社会的支援のあり方

戸田典樹 [編著]

◎A5判／上製／204頁　◎2,400円

福島原発事故から5年。強引な帰還政策のもと、放射能から勝手に逃げている人という世間からの冷たい目にさらされ続けている自主避難者たちの抱える生活困難の状況を明らかにし、どのような支援を構築すべきなのかを問う。

【内容構成】

第一部　放置される自主避難者問題

第1章	放置できない自主避難者問題	[戸田典樹]
第2章	大規模調査からみる自主避難者の特徴 ──「過剰な不安」ではなく「正当な心配」である	[辻内琢也]
第3章	自主避難者の今 何が困難を引き起こしているか ──アンケート調査よりの分析	[伊藤泰三・河村能夫]
第4章	漂流する母子避難者の課題	[田中聡子]
第5章	子どもの安全、安心な未来のため親としてできること	[田中聡子]
COLUMN	子どもの未来、家族の幸せを願って	[渡部朋宏]
COLUMN	知ってほしい、考えてほしい福島の現実	[渡辺成子]

第二部　自主避難者問題の構造を考える

第6章	限定される自主避難者の損害賠償	[渡部朋宏]
第7章	自主避難者への社会的支援	[大友信勝]

〈価格は本体価格です〉

崩れた原発「経済神話」

柏崎刈羽原発から再稼働を問う

新潟日報社原発問題特別取材班 著

■A5判／並製／340頁 ◎2000円

「安全神話」崩壊後、いまだ生き残る「経済神話」。原発が稼働すれば地元経済が潤う、と感じている人は少なくない。それが再稼働を容認する理由のひとつになっている。だが、原発は地域振興にほんとうに役に立つのか――。再稼働問題に揺れる柏崎刈羽原発。地元紙・新潟日報が原発と地域経済の問題を多面的に検証・追及した労作。

• 内容構成 •

第I部 原発と地域経済
第1章 かすんだ恩恵
第2章 検証 経済神話

第II部 事故の代償
第3章 賠償の断面
第4章 そのとき、農は

第III部 電力、首都へ
第5章 源流
第6章 電力再編
第7章 巨大電源基地

第IV部 再稼働を問う
第8章 敷かれたレール
第9章 再稼働、なんのために
第10章 依存せぬ道は
特別収録 倉本聰インタビュー
あとがき

福島第1原発事故7年 避難指示解除後を生きる

古里なお遠く、心いまだ癒えず

寺島英弥 著

■四六判／並製／272頁 ◎2000円

東日本大震災から6年後の2017年3月、福島第1原発事故によって避難を余儀なくされていた地域の避難指示解除が行われ、住民たちは古里に戻るか、戻らぬかの苦渋の選択を迫られた。除染の不徹底、コミュニティの崩壊、生業の喪失など、山積する課題に向き合ってきた人びとの苦悩と希望を追う。

• 内容構成 •

◎2016年10月――飯舘村
バリケードの向こうに取り残される 帰還困難区域「長泥地区」
◎2017年2月――飯舘村
居久根は証言する
◎2017年4月――相馬市
被災地の心のケアの現場で聞いた「東北で良かった」発言
◎2017年8月――浪江町
「3月11日」から6年半の荒廃 遠ざかる古里を見つめて
◎2017年9～10月――飯舘村～南相馬市
被災地に実りを再び 食用米復活を模索する篤農家たち
――ほか

対談「取材7年 福島の被災地から聞こえる声」
［津田喜章（NHK仙台放送局「被災地からの声」キャスター）×寺島英弥］

〈価格は本体価格です〉

人間なき復興
原発避難と国民の「不理解」をめぐって

山下祐介、市村高志、佐藤彰彦 著

四六判／並製／336頁
◎2200円

あの日からまもなく3年。今も10万人以上が避難生活を続けている。「新しい安全神話」を前提とした帰還政策、人を「数」に還元した復興が進む一方、避難者は国民の「不理解」がもたらす分断に直面し続けている。経済ゲームを超え、真の復興を見出すために。

●──内容構成

第1章 「不理解」のなかの復興
理解の難しい問題／復興とは何か？／支援とは何か／あきらめと断ち切り／日本という国の岐路─各論1 私はどう避難したのか─富岡町民の一人として[市村高志]

第2章 原発避難とは何か──被害の全貌を考える
二つの避難から帰還政策へ──事故からの2年を振り返る／避難の経緯とその心性／何がどう逃げてきたのか？／賠償が新しいから帰らないのか？／避難とは誰のものか──なぜそこにいるのか？／応援避難を引き起こしたもの──コミュニティが壊れている／各論2 タウンミーティングから見えてきたもの──多重の被害を可視化する[佐藤彰彦]

第3章 「原発国家」の虚妄性──新しい安全神話の誕生
原発立地は理解できるか／なんで原発のないところに住みたいの？／国家がリスクに賭けた失敗／新しい安全神話から、新しい安全神話へ／各論3 とみおかの子ども未来ネットワークと社会学広域避難研究会の2年[佐藤彰彦]

第4章 「ふるさと」が変貌する日──リスク回避のために
「ふるさと」を失ったのではない「ふるさとになってしまった」／津波災害との違い「ふるさとの変貌」／危険自治体は避けられるか？／「じゃあどうすればいいの？」──賠償と放射線リスク

核時代の神話と虚像
原子力の平和利用と軍事利用をめぐる戦後史

木村朗、高橋博子 編著

四六判／368頁 ◎2800円

広島・長崎へ原爆が投下されてから70年。その後も第五福竜丸事故、3・11福島第一原発事故、そして劣化ウラン兵器などにより、国内外で被ばく者は増加の一途をたどっている。戦後の核問題について深い洞察を続けてきた第一人者らが、核の平和利用と軍事利用の密接な結節点を指摘し、核をめぐる欺瞞を撃つ。

●──内容構成

第1章 核時代の幕開けの意味を問い直す
第2章 軍事・防衛研究としての放射線人体影響研究
第3章 核兵器と原発で歪められた放射線被曝の研究
第4章 占領期における原爆・原子力言説と検閲
第5章 住民はなぜ被曝させられたのか
第6章 「原子力の平和利用」の真相
第7章 掣肘受けざるべく
第8章 原子力と平和
第9章 原子力政策空回りの時代
第10章 劣化ウランの兵器転用がもたらすもの
第11章 アメリカ新核戦略と日本の選択
第12章 朝鮮半島における「核問題」と朝鮮人被爆者に関する歴史の一考察
第13章 軍事攻撃されたら福島の原発はどうなるか
第14章 核軍縮と非核兵器地帯
第15章 日米〈核〉同盟

〈価格は本体価格です〉

新版 原子力公害

人類の未来を脅かす核汚染と科学者の倫理・社会的責任

ジョン・W・R・ゴフマン、アーサー・R・タンプリン著
河宮信郎 訳

四六判／376頁 ◎4600円

1970年代のアメリカにおいて原子力委員会は放射能の危険性について確認しないまま、原子力政策を推進しようとした。それに対し、科学者としての知的誠実さを貫き敢然と立ち向かった科学者たちがいた。3・11後の日本社会が包含する同じ構造上の問題に、いち早く警鐘を鳴らした科学者ゴフマンとタンプリンの闘いの記録。

●── 内容構成 ──●

1 なぜ我々は証言するのか
2 放射線の生物学的影響
3 技術発展のための勇敢な騎士を警戒せよ
4 将来の汚染を防ぐための方策
5 原子力委員会の脅威——口先だけの「公衆衛生」
6 コロラド高原の悲劇
7 原子炉
8 廃棄が許されない放射性廃棄物
9 プルトニウム——公衆の健康と技術の驕り
10 核兵器計画
11 科学と科学者の倫理と社会的責任
12 科学的異議申し立てが緊急に必要である

放射能汚染と災厄

終わりなきチェルノブイリ原発事故の記録

今中哲二著

■A5判／上製／480頁 ◎4800円

チェルノブイリ原発事故のあと、著者は、調査のために何度も現地を訪れ、そこで得た知見やエッセイを発表してきた。その膨大なレポートを一冊にまとめて収載。あらたに福島原発事故とチェルノブイリ原発事故についての書き下ろしも加えた著者の集大成。

●── 内容構成 ──●

I 福島原発事故を受けて チェルノブイリ事故と福島事故／"一〇〇ミリシーベルト以下は影響ない"は原子力村の新たな神話か？

II チェルノブイリ原発事故で被災した人たちに起こったこと
放射能汚染の状況と被災した人々／汚染地域の住民の状況／原発周辺から避難した人々／事故処理作業従事者／事故直後に原発周辺から避難した人々／周辺住民にもたらした急性放射線障害／その後の事故影響／小児甲状腺ガンの増加／放出された放射能量／セシウム汚染地域 ほか

III チェルノブイリ原発事故の検証

IV 現地訪問記——ベラルーシ、チェルノブイリ、ロシア、キエフ
最近のベラルーシ事情／チェルノブイリ原発訪問記／ロシアの核閉鎖都市オゼルスクに行ってきました／キエフで「オレンジ革命」に出くわしました

V 資料 IAEA報告会における科学者たちの発言／隠れた犠牲者たち——IAEA報告会における科学者たちの発言／隠れた犠牲者たち（ウラジーミル・バンデイン）／チェルノブイリ事故がもたらした一般住民の急性放射線障害（ウラジーミル・バンデイン）／チェルノブイリ・ニュース

〈価格は本体価格です〉

チェルノブイリの春

エマニュエル・ルパージュ 著　大西愛子 訳

■A4判／上製／192頁　◎4000円

描くことは、「ものの表皮をめくること」。チェルノブイリと福島を彷徨う過程で、ルパージュの目に見えてきたものとは？　前提ありきの作品を拒絶しそのために苦悩もする著者が、偏見なき眼差しで生身の人々を見つめ描き上げた、衝撃のドキュメンタリー・バンドデシネ。

――内容構成――

チェルノブイリの春
フクシマの傷

チェルノブイリ ある科学哲学者の怒り
現代の「悪」とカタストロフィー

ジャン=ピエール・デュピュイ 著　永倉千夏子 訳

■四六判／上製／228頁　◎2500円

事故から20年、「専門家」による事故の調査報告は、犠牲者の思いとはあまりにもかけ離れていた。この落差はなぜ生まれるのか。さらに原発事故はなぜ起きたのか。著者の根源的な洞察は、フクシマ後の世界を構想する私たちに力強い導きとなるだろう。

――内容構成――

日本語版序文　危機とカタストロフィー
私は恥ずかしい！
キエフからチェルノブイリへ――闇の奥
パリに帰って――合理主義の悲惨
補論　覚醒せる破局論のために
訳者あとがき

〈価格は本体価格です〉